U0642490

全国医学美容技术专业新形态教材

实用美甲技术

许珊珊　主编

北京科学技术出版社

图书在版编目（CIP）数据

实用美甲技术 / 许珊珊主编. —北京：北京科学
技术出版社，2021.7（2025.1 重印）
ISBN 978-7-5714-1565-5

Ⅰ. ①实… Ⅱ. ①许… Ⅲ. ①指（趾）甲—化妆—教材
Ⅳ. ① TS974.15

中国版本图书馆 CIP 数据核字（2021）第 097925 号

策划编辑：马　驰
责任编辑：宋　玥
责任校对：贾　荣
责任印制：李　茗
封面设计：异一设计
版式设计：瑾源恒泰
出 版 人：曾庆宇
出版发行：北京科学技术出版社
社　　址：北京西直门南大街 16 号
邮政编码：100035
电　　话：0086-10-66135495（总编室）
　　　　　0086-10-66113227（发行部）
网　　址：www.bkydw.cn
印　　刷：北京宝隆世纪印刷有限公司
开　　本：787 mm×1092 mm　1/16
字　　数：126 千字
印　　张：10.25
版　　次：2021 年 7 月第 1 版
印　　次：2025 年 1 月第 4 次印刷
ISBN 978-7-5714-1565-5

定　　价：58.00 元

编审委员会

主　审

聂　莉　　全国卫生职业教育教学指导委员会医学美容技术专业分委员会秘书长

张秀丽　　全国卫生职业教育教学指导委员会医学美容技术专业分委员会委员

徐毓华　　全国卫生职业教育教学指导委员会医学美容技术专业分委员会委员

杨顶权　　中国整形美容协会常务理事兼中医美容分会会长

主任委员

姚应水　　安徽中医药高等专科学校校长

杨晓霞　　沈阳医学院医学应用技术学院院长

曹士东　　滁州城市职业学院副院长

副主任委员

许珊珊　　淮南联合大学医学院副院长

申芳芳　　山东中医药高等专科学校医学美容技术专业主任

姜　涛　　四川中医药高等专科学校医学美容技术学院院长

赵　丽　　辽宁医药职业学院医学技术系医学美容技术专业主任

王泽泉　　廊坊卫生职业学院副院长

肖华杰　　青海卫生职业技术学院医学技术系主任

编者名单

主　编　许珊珊

副主编　陈　菲　李潇潇

编　者　（按姓氏笔画排序）

朱晶晶（淮南联合大学）

许珊珊（淮南联合大学）

李潇潇（四川中医药高等专科学校）

张秋哲（廊坊卫生职业学院）

陈　菲（江苏护理职业学院）

林　杉（江苏护理职业学院）

崔　莉（淮南联合大学）

前　言

　　实用美甲技术课程在医学美容技术和美容形象设计专业课程设置中是一门实践性很强的课程。随着求美人群的日益庞大，美甲技术现已发展为集甲形设计、色彩搭配、服饰协调于一体的日常美化项目。随着人们生活水平的提升，美甲技术的市场需求也越来越大，美甲技术已成为医学美容技术专业的学生必须掌握的专业技能。

　　实用美甲技术课程要求学生获取相关职业知识和职业能力，养成职业素养。以往传统的教学较为重视教师的"教"而忽视了学生的"学"，导致美甲教学中学生的实践操作能力被忽视。当今新课程改革要求教师以学生为主体，让学生的知识与技能在"做中教，做中学"的活动教学中不断深入与完善。

　　虽然现今美甲款式种类多、更新快，但美甲技法万变不离其宗。同时，考虑到实用美甲技术课程以实际操作为主，因此采用主题教学较为合适。本教材突显了美甲技能实训特色，将理论和实践完美融合，将基础操作的教学内容分为不同主题，由浅入深、循序渐进地介绍了不同美甲技法的实际操作步骤。

　　涉及操作技术的实训主题均包含工具和必备品、操作步骤和注意事项这三部分，力求使每个实训主题成为教师的理论指导和学生自行练习的模板，最终使学习者获得美甲操作的能力。与此同时，各个实训还注重培养学生的职业素养、学习能力、融会贯通和举一反三的能力。

　　美甲技术是医学美容技术和美容形象设计专业的新兴学科，由于经验有限、时间仓促，本书尚有编写不完善之处，希望广大美甲从业人员批评指正，以便未来对本教材做进一步的修订与完善。

　　本教材部分实训的最后设置了技能测评，以便于教师与学生的沟通交流，也便于学生课后通过回顾教师的点评来回忆和巩固。

在此感谢各位参与编写的老师，也感谢各位编者提供的大量实际操作图片。同时感谢为本教材质量保驾护航的编辑老师！

许珊珊

2021 年 5 月

目　录

实训一　美甲的起源与发展

美甲，在追求美、实践美的当今社会已被广泛授受。美甲是一种对指（趾）甲进行装饰美化的工作，又称甲艺设计。它具有表现形式多样化的特点，是根据顾客的手（脚）形、甲形、肤质、服装的色彩和要求，对指（趾）甲进行清洁、消毒、护理、保养以及修饰美化的过程。

提起美甲，人们自然就会想到手（美甲实践中更多的是美化指甲）。手是人体的重要组成部分，是人类在整个文明过程中的具体"实践者"，在人类文明的进程中发挥了不可或缺的作用。

随着文明的发展，手不仅仅是人体的器官和劳动的"工具"，它还被"发现"并用于表现内在美，尤其是女性的手。美手文化奠定了美甲文化的基础，美甲在美手的基础上突显出手的独特、美观、修长和柔软迷人。二者相互融合，由此形成了独特的美手、美甲文化。

（一）古代美甲

美手、美甲文化起源于人类文明的发展，最早人们在宗教和祭祀中，在手指和手臂上描绘出各种图案，以祈求神灵保佑，驱除邪恶。

1. 国外美甲的起源

公元前3500年古埃及就已有保养指甲和涂染指甲的习俗，古埃及人使用臁羚的毛皮摩擦指甲，使指甲变得有光泽。当时人们用散沫花叶榨出的红色汁液及昆虫的分泌液所提炼的古铜色物质制作染料来涂抹指甲、手掌及足底，使其呈现出迷人的艳红色。古埃及人还以矿质、昆虫和莓果作为原材料，来美化眼部、唇部、皮肤和指甲。在古埃及和罗马帝国，军事指挥官在重要战役前会将指甲和唇部染成红色，以彰显气势。古埃及人还使用海娜花染头发，或者将指甲染成大红色。

有人在考古时，在埃及艳后的墓中发现了一个化妆盒，上面记载着："涂上'处女指甲油'，可通向西方极乐世界。"

17世纪逐渐有了指甲染色的报道。埃及、希腊及东方女性开始保养指甲和涂染指甲，并配备装潢精美的豪华指甲用品盒。

大约在19世纪末，欧洲女性开始使用象牙或银制作的指甲修饰用品，并在指甲上精巧地涂上珍珠闪光色。

英国王室有保留指甲的传统，他们以拥有修长、华丽的指甲为美，干净、整洁的指甲表明他们不必从事体力劳动，也是地位和权力的象征。

2. 我国美甲的起源

长期以来，人们一直都认为美甲是由国外传入我国的，但事实上，我国有着悠久的美甲历史。

在我国古代，女性为了让她们的双手看起来更美丽，很早就开始修饰双手了，比较常见的做法是蓄甲和染甲。

染甲在我国有着悠久的历史，早在公元前 3000 年，蜂蜜、明矾和鸡蛋的混合物就被用来保护指甲，并使指甲更加有光泽。

从商代开始，贵族们便开始将树胶、明胶、蜂蜡和鸡蛋清混合在一起，制成一种有颜色的混合物，然后将其在指甲上反复揉搓、摩擦，直到将指甲染成深红色或乌黑色。

美甲不仅是美丽的标志，也是地位的象征。在周代，贵族们佩戴用黄金和珠宝作装饰的指套护具来保护他们象征着富贵的长指甲不受破坏。金银制的指甲护具只供皇室成员使用，平民如果被发现使用这种材质的护具，将被处以死刑。官员们也会佩戴金属甲套来增加指甲的长度，作为身份与地位的象征。

早在唐代，汉族女性就有用凤仙花染指甲的习惯。凤仙花的花和叶具有很强的腐蚀性，女人们将其放在一个小碗里捣碎，加入少量明矾后给指甲染色。也可将蚕丝棉薄片放入花汁中，待吸入水分后取出，置于指甲表面，通过连续浸渍 3 ~ 5 次，指甲即可变得红润、娇艳，数月不会褪色，从而达到美甲的效果。

在明代，皇族会将指甲染成黑色或红色。在清代，嫔妃们用镶珠嵌玉的奢华金属指甲套来保护她们精心修饰的指甲，这种指甲套是当时最豪华、最专业的美甲饰品，也是最早的人工美甲。

（二）近现代美甲

指甲油于 1916 年问世，最初是透明的，后来加入了人工色彩。第一批彩色指甲油在 1920 年由露华浓公司生产。

现代美甲兴起于 20 世纪 30 年代，由于大多数人的指甲不够坚硬、容易断裂，指甲的形状也不够完美，且指甲油容易脱落、日久会斑驳掉色，美国好莱坞的明星们及英国皇室的贵妇们将收集到的真人指甲粘贴在自己指甲的表面，以弥补手形的美学缺陷。但收集真人指甲成本高且数量极其有限，卫生又得不到保障，于是西方人开始采用基础美甲的方法，即用不同的材料来增加指甲的坚硬度，并制成理想的形状和长度。这些材料作为指甲的保护层的同时还可以使指甲油保持完美而持久。

1930 年，美国牙医发明了人工水晶指甲，其颜色透明，可以帮助指甲塑形、延长。

1950—1960 年各种有色指甲油出现。1980 年，美国开始出现彩绘指甲、贴片甲、丝绸甲等。

1995 年底，北京的李安女士成立了安丽泰乐玉指艺术有限公司，开启了我国美甲行业的大门。短短几年内，我国的美甲行业开始被社会认可并接受，李安女士因此被称为"中国美甲第一人"。后来随着美甲技术的不断发展，我国的美甲市场逐渐形成规模，也形成了自己独特的风格。

有人说手是人的第二张脸，一双修长的手加上明亮的指甲油色彩可以为女性增添额外的魅力。随着经济的发展和科技的进步，美甲材料也更加健康、环保，美甲的技法和方式也不断地更新，以满足不同人群的需求。

（三）我国的美甲师与美甲行业

20—21 世纪，随着美甲大众化趋势的迅速发展，专业美甲师出现了。而随着我国经济的快速发展和生活质量的不断提高，人们更加追求精神生活，注重生活质量。尤其是对女性来说，她们对美的要求越来越高，在参加宴会、婚礼、演出，甚至日常工作和休闲时，都会关注自身的形象，美甲已经融入人们的生活，已成为很多女性生活中不可或缺的一部分。同时，这也对美甲师提出了越来越高的要求。

专业的美甲师必须经过严格的专业训练，必须具备生理学、化学等美甲基础知识，以保护顾客的健康。甚至美甲师不仅需要对顾客的指（趾）甲进行美容修饰，还需要对顾客的整体形象进行设计和包装；不仅需要做美甲、美足、美睫和手部保养，还需要将美甲与化妆、服装和配饰等进行搭配，完成一套完整的形象设计与包装。

美甲行业是一个具有很大发展潜力的行业，影视、媒体、时尚及配饰等多领域都涉及。

目前，我国的美甲行业仍处于快速发展时期。2003 年 8 月 18 日，美甲师被我国劳动和社会保障部正式认定为一个独立的职业工种，美甲行业也拥有了自己的行业代码。这也对从业人员的技术、美学修养、服务和管理能力等提出了更高的要求。只有这样，整个行业才能得到更好的发展，实现质的飞跃。

美甲越来越安全且持久，人们对指（趾）甲护理服务的需求也达到一个新的高度。现在各种机构如美甲工作室、美甲产品公司、美甲培训机构、摄影和婚庆公司等对于美甲人才的需求越来越大。随着美甲师的技术不断提升，他们也面临着前所未有的机遇。

目前与美甲相关的岗位大致有专业美甲师、美甲销售、美甲样板师、美甲培训讲师及美甲定制师等。

课后作业

了解美甲的起源与发展。

（崔 莉）

实训二　美甲概述

（一）美甲的概念

美甲是一种对指（趾）甲进行装饰美化的工作，又称甲艺设计。

美甲是根据顾客的手（脚）形、甲形、肤质、服装的色彩和要求，对指（趾）甲进行消毒、清洁、护理、保养以及修饰美化的过程，具有表现形式多样化的特点。

（二）美甲的作用

美甲的作用是美化人的指（趾）甲，去除瑕疵，掩盖缺点，突出优点，展现健康而美丽的指（趾）甲。

在工作和交际活动中，优雅、秀美的双手可以从某种程度上展示出生活品位和风度修养，也是女性之美的重要标志，美甲具有以下几方面的作用。

1. 彰显时尚与个性

美甲已经成为一种流行趋势，优秀的美甲师会根据顾客的服饰、场合及肤色等，为顾客定制专属、完美的美甲造型，帮助顾客彰显时尚与个性。

2. 提升自信

我们的一切生活、工作、学习都离不开双手。拥有一双干净、美丽的纤手可以在举手投足间给自己带来自信。

3. 保护指（趾）甲的健康

工作和生活常常对指（趾）甲造成损伤。比如酸、碱或有机溶剂会侵蚀指（趾）甲，使甲体变得粗糙，甚至变形、折裂。专业的美甲可以修复、保护、改善、保养指（趾）甲。

4. 矫正和重塑

专业的美甲可以对宽甲以及残缺、变形、变色的不完美指（趾）甲进行重塑。另外，长期坚持进行专业的美甲还可以改变甲形，使双手更显修长。

5. 品位的象征

美甲曾是贵族的专属项目，但随着社会的进步，已逐渐成为一项普通女性热衷的服务项目，个性、唯美的指（趾）甲造型依旧是品位的象征。

（三）美甲的常见类型

美甲具有表现形式多样化的特点，美甲师根据不同人的需求制订个性化的美甲方案。美甲也可以突出手（脚）的独特性。在这里介绍几种常见的美甲类型。

1. 彩绘美甲

彩绘美甲可进一步细分为指甲笔绘、指甲喷绘和指甲勾绘，它们的共同特点是操作者可以在指甲上自由地描绘图案，可以是繁花，可以是人物，也可以是山水。

（1）指甲笔绘。指甲笔绘是指用美甲专用颜料在指甲上进行图案彩绘的一种美甲方式（图2-1）。美甲专用颜料一般分为2种：一种是丙烯颜料，另一种是美甲彩绘胶。两者的材质不同，具体的操作方法和技巧也不同。丙烯颜料可以直接用小笔进行彩绘，清洗的时候用清水即可；彩绘胶也可以用小笔彩绘，但是需要在彩绘后进行照灯，清理时需要用专用的清洁啫喱水。

图 2-1　指甲笔绘

（2）指甲喷绘。指甲喷绘（图2-2）是利用喷枪的气压喷出颜料，并搭配多种纸膜彩绘出各种图案的美甲方式。它的优点是能表现出其他美甲造型无法达到的意境及层次感，并能长时间保持造型的完整。喷绘美甲的工作原理来源于喷画技术。

图 2-2　指甲喷绘

（3）指甲勾绘。指甲勾绘（图 2-3）是用指甲油和两用甲艺笔，在指甲上勾绘出美丽的图案。勾绘比较考验美甲师的技能。

图 2-3　指甲勾绘

2. 贴片甲

贴片甲（图 2-4）是用指甲专用胶水将全贴或半贴甲片粘贴在指甲表面，使甲形看起来修长的一种美甲方式。其优点是方便换取，花式繁多，对真甲的伤害比较小，一般可保持 1～2 周。其缺点是透气性较差。贴片一般分为生活类和艺术类，生活类包括半贴甲片、全贴甲片、法式贴甲片，艺术类包括琉璃贴甲片、法拉利贴甲片等。两种类型的操作方式不同。

图 2-4　贴片甲

3．甲油胶美甲

甲油胶美甲（图 2-5）是美甲行业当下流行的一种美甲方式。甲油胶的包装与传统的指甲油的包装有些类似，都是自带刷子，可以直接涂抹。但由于甲油胶见光就会固化，所以甲油胶的瓶身外面都必须喷漆以防止透光。甲油胶是胶类材质，所以在涂抹之后必须照灯。甲油胶美甲因其时尚、艺术、健康、自然、环保、无气味、韧性好、结合性能强、操作简单快捷、卸除方便、不伤真甲、效果持久、不易变色和起翘、甲面装饰物不易脱落而深受广大美甲人士的喜爱。

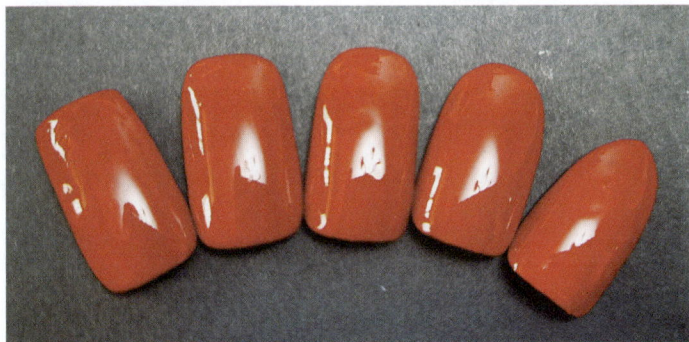

图 2-5　甲油胶美甲

4．水晶甲

水晶甲（图 2-6）是用水晶粉和水晶液造就优美甲形的一种美甲方式。水晶甲的特点是甲形优美，可塑性强，可以延长指甲，质地坚固耐磨，不易断裂，可以保持 2 周左右。水晶粉需要和专业的水晶液搭配使用。水晶甲颜色晶莹剔透、粉白自然，可以和各种颜色的服装相搭配，衬托出女性的高雅气质，体现出与众不同的个性，使女性在举手投足间尽显迷人风采。传统的法式大 C 造型美甲就是用水晶粉制作而成的。水晶甲一度是美甲爱好者最喜欢的美甲类型。

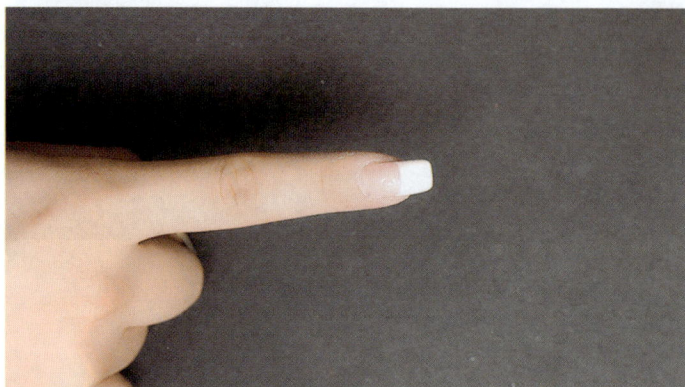

图 2-6　水晶甲

5．光疗甲

光疗甲（图 2-7）是利用紫外线将天然树脂聚合于真甲表面，从而造就出坚韧、有光泽的指甲。光疗甲是水晶甲的换代产品，属于不可卸的硬胶甲类，采用纯天然树脂材料，无色无味，不含化学物质。它不仅不伤真甲，反而可以增加指甲强度，保护指甲功能，矫正甲形，使指甲更纤透、美丽。其突出的优点是环保和健康，不易起翘，光泽度也非常好，但对美甲师的操作技术要求比较高。

图 2-7　光疗甲

6．琉璃甲

琉璃甲（图 2-8）是在传统的水晶甲和光疗甲的基础上发展出来的一种美甲形式，它是由液态纤维和幻彩琉璃液制作而成的。琉璃甲在美甲行业里非常受顾客欢迎。琉璃甲晶莹剔透，与真甲很像，不易发黄、变脆。但琉璃甲的制作过程比光疗甲和水晶甲复杂，所以收费也相对较高。

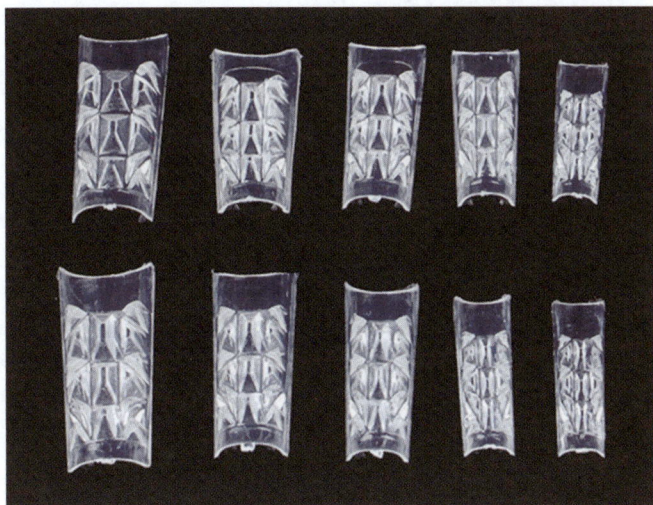

图 2-8 琉璃甲

7. 雕花甲

雕花甲的雕花是用特殊的水晶材料制作而成的。市面上有 2 种材质：一种是传统的水晶粉，另一种是雕花胶。雕花甲分为内雕花与外雕花。雕花甲发展至今，也衍生出 3D 立体雕花美甲，即先用化学原料粉和胶提前做好单个花瓣，组成一朵花，然后用胶水将花朵粘在指甲上，非常有立体感和艺术美感。缺点是立体雕花比较突出，在日常工作生活中会很不方便，也很容易损坏，所以一般仅用于特殊的场合（如婚礼、宴会、秀场等）（图 2-9）。

图 2-9 雕花甲

8. 贴花美甲

贴花美甲（图 2-10）即在涂好普通的指甲油之后，将不干胶贴纸剪成多种形状，直接粘在指甲上，然后再刷一层封层。优点是比较简单，快捷，方便，可以自己进行制作。

图 2-10　贴花美甲

（四）常见的美甲产品和工具

"工欲善其事，必先利其器"，了解美甲的各种必用品，并学会正确地使用，是美甲的开始。作为一名专业美甲师，选择专业的美甲产品、美甲工具与学习专业的技能一样重要，选择正确的美甲产品和美甲工具还会弥补一些美甲技巧上的缺陷。高超的美甲技巧，再加上专业的美甲产品和美甲工具的辅助，势必会让美甲师创作出更加精彩的作品。

美甲工具是用于美甲的器具。随着美甲行业的发展，美甲的工具越来越专业，品种也越来越多。美甲工具大多为非一次性用品，每次使用前必须进行消毒。因此，工具的大小以能放进消毒容器中为宜。在这里给大家介绍一些常见的美甲产品和美甲工具。

1. 专业美甲产品

（1）清洁消毒类产品。清洁消毒类产品是开启美甲步骤的必备品，修甲前要对美甲工具和手部进行消毒，避免在美甲过程中发生交叉感染和一系列手部疾病。清洁消毒类产品主要是酒精和清洁啫喱水。

1）酒精：是一种专业消毒产品，具有杀菌、消毒的功效。在美甲中一般用于工具（死皮推、死皮剪、指甲剪）的消毒。在给顾客修手前必须进行工具消毒，也可以用酒精来清洗甲面。建议选择 75% 酒精（图 2-11）。

2）清洁啫喱水：又称清洗啫喱水（图 2-12），主要成分是有机溶剂，用来擦洗、提亮和固化，主要用于所有胶类指甲、甲面和笔的清洗。

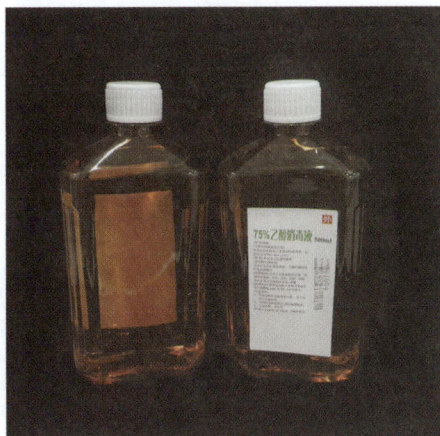

图 2-11　75% 酒精

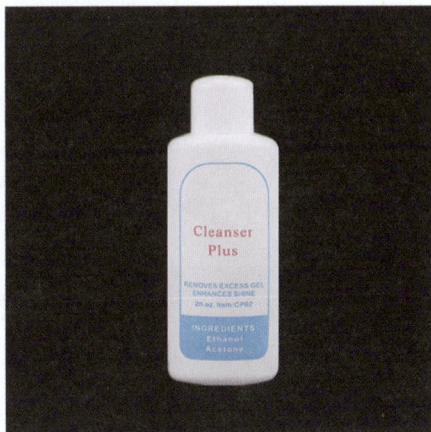

图 2-12　清洁啫喱水

（2）指甲基础护理类产品。基础护理是美甲过程中必不可少的环节，常用的基础护理产品有软化剂、营养油、卸甲产品、美甲平衡液、抛光蜡等。

1）软化剂（图 2-13）：用于去除老化的死皮。在修完甲形后，将软化剂涂在甲沟处以软化死皮、方便修剪。然后用死皮推推指甲后缘，再用死皮剪剪去死皮。在使用时不能涂抹得太多，也不能涂抹到指甲表面，否则会造成甲面及皮肤的软化。一般情况下，涂抹软化剂后需要等待 3～5 分钟再进行处理，或者将涂抹软化剂后的指甲置于水中浸泡，这样可以更好、更快地软化死皮。常见的软化剂有瓶装和笔装两种。多数专业美甲店选用瓶装的，家用可以选择笔装的，以方便携带。

2）营养油（图 2-14）：用于滋润指缘周围的皮肤，并防止倒刺的产生。市场上有2 种：一种是瓶装的，供专业美甲店使用；另一种是笔装的，方便携带，多为家用。营养油的油脂成分含量较高，其作用是修剪完死皮后更好地保护指甲，及时给予指甲营养以减少死皮和倒刺的再生，使指缘皮肤更柔嫩。制作完任何一款美甲后都需要使用此类产品。

图 2-13　软化剂

图 2-14　营养油

3）卸甲产品：卸甲产品一般有 2 种，分别为洗甲水（图 2-15）和卸甲包（图 2-16）。洗甲水的主要成分是有机物质，它与指甲油之间构成一种溶质和溶剂的关系。它们具有相似的结构，所以洗甲水能很容易地去除指甲油，一般用于各类延长甲、光疗甲、水晶甲的卸除。但是需要注意的是，洗甲水中一般会添加少量的丙酮，所以在使用时应尽量保持室内通风。卸甲包的特点是方便、快速、卫生，主要用于甲油胶的卸除。

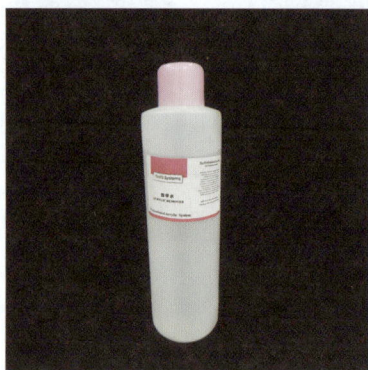

图 2-15　洗甲水

图 2-16　卸甲包

4）美甲平衡液（图 2-17）：又称干燥剂，这种产品呈水状，作用是增加甲油胶、光疗胶的附着力，防止胶体脱落，平整甲面，去除多余的油脂和水分。一般作为指甲去油后的第 1 个步骤，在涂刷底胶之前，起到干燥、加固的作用。

5）抛光蜡（图 2-18）：用于美甲的基础护理——抛光打蜡。抛光蜡中含有蛋白质、纤维素和钙质，可以让指甲呈现出健康的淡粉色光泽。在将指甲抛光后，涂抹一点点抛光蜡，可以使指甲的光泽度更持久。但要注意，给指甲打蜡虽然对最后的美甲效果有一定的帮助，但是也没有必要经常给指甲打蜡。就像给皮衣抛光一样，如果每天都给皮衣抛一遍光，最后的效果其实并不好。给指甲打蜡的频率不宜超过每周 2 次。

图 2-17　美甲平衡液

图 2-18　抛光蜡

（3）美甲胶类产品（图 2-19）。美甲胶类产品的使用是整个美甲过程中的重要环节。美甲胶类产品的色彩丰富、种类繁多，一般可分为底胶、甲油胶、封层胶、光疗胶、雕花胶等。需要注意的是，所有胶类产品都必须经过照灯才能固化。

1）底胶：又称结合剂，在涂抹美甲平衡液（干燥剂）之后、涂甲油胶之前使用，其作用是使自然指甲与假指甲紧密贴合，让甲油胶颜色更贴合指甲，不易脱落。做美甲时首先要做的就是底胶。

2）甲油胶：主要成分是天然树脂和一些颜色材料，所以基本无味，对人体基本没有伤害。其光泽度、耐磨度和牢固度都比指甲油好，但甲油胶需经过紫外线的照射（照灯）才会固化，同时需放置于不透光的瓶子中避光保存。市场上，甲油胶的种类很多，包括亚光类甲油胶、珠光类甲油胶、温变甲油胶、荧光甲油胶等，具体使用哪种甲油胶可以根据顾客的选择而定。

3）封层胶：封层胶的作用是保护甲油胶，用在最上面，使甲面保持光亮如新，也让美甲更耐磨。封层胶主要分为免洗封层与擦洗封层。免洗封层在照灯后不用清洗，而擦洗封层在照灯后须用清洁啫喱水清洗，否则甲面会有浮胶。

图 2-19　美甲胶类产品

4）光疗胶（图 2-20）：主要成分是一种通过紫外线引发固化的丙烯酸树脂齐聚体。它用于光疗甲的制作，具有颜色丰富、款式众多、造型容易、透明度高、光泽度好、自然轻巧、韧性好、无刺激性味道、不易变黄、不易折断、保持时间长的优点。光疗胶主要分为亚光和珠光两种类型，具体使用哪种可以根据顾客的需求进行选择。

5）雕花胶（图2-21）：用于雕花甲的制作，此胶为固体状，易造型，无味，使用后需要照灯。因雕出来的花样立体感好、硬度高且保持时间较长，深受美甲师的喜爱。

图2-20　光疗胶

图2-21　雕花胶

（4）延长类产品。此类产品主要用于延长指甲，分为甲片延长和纸托延长两种类型。

1）甲片延长产品（图2-22）：分为法式贴甲片、全贴甲片、半贴甲片，材质一般以聚乙烯为主。①法式贴甲片：用于法式甲的制作，甲片的颜色为白色。②全贴甲片：透明色，无微笑线，其甲面均匀。③半贴甲片：甲片多为透明色，但是比全贴甲片长，而且有明显的微笑线。

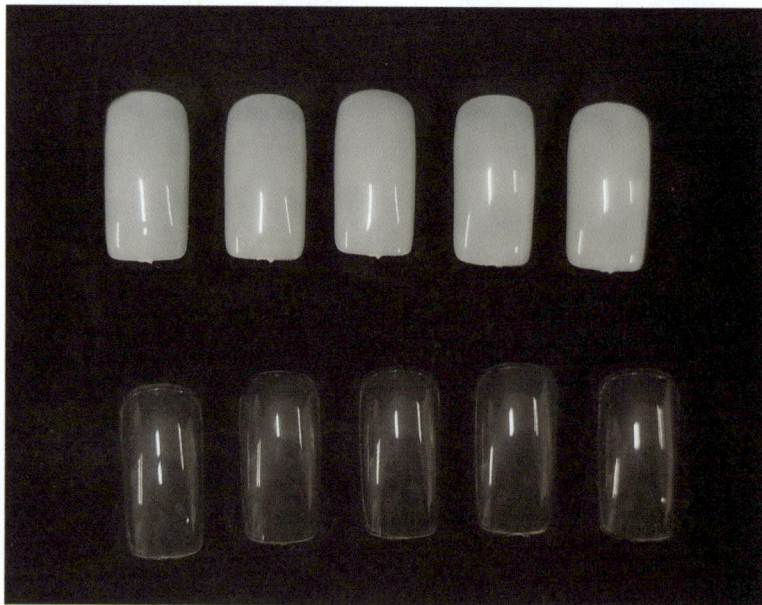

图2-22　甲片延长产品

2）纸托延长产品（图2-23）：用于光疗甲和水晶甲的制作。其透明度高，不会显得很厚，对指甲的伤害小，后期好去除。光疗甲也可以改变指甲的形状，且可塑性好。纸托是一种硬的、粘贴式的、带格子的纸贴，卷起来后可以接在短指甲上作为托，方便托住水晶粉或者光疗胶，做完之后可以卸掉。纸托光疗甲正常保持时间为1~2个月。

图2-23 纸托延长产品

（5）水晶类产品。水晶类产品分为2种：一种是水晶粉，另一种是水晶液。

1）水晶粉（图2-24）：呈粉末状，它的主要成分是聚合成微小圆珠状的丙烯酸酯聚合体颗粒，还包括诱发固化的引发剂和调节颜色的颜料等。水晶粉与水晶液混合时发生固化反应，从而可以制作出各种款式的水晶甲。也就是说，水晶粉可以与水晶液以适当的比例混合，做水晶甲延长。目前市场中的水晶粉有3种颜色：透明色、白色和透明粉色。

2）水晶液（图2-25）：水晶液的成分主体是丙烯酸酯单体，它能增加强度、促进干燥、延长保质期及调节香味，制作水晶甲时可稀释水晶粉。由于其气味比较浓烈，在使用的过程中必须戴上口罩。未用完的水晶液必须放于水晶杯内并盖上杯盖以防止挥发。

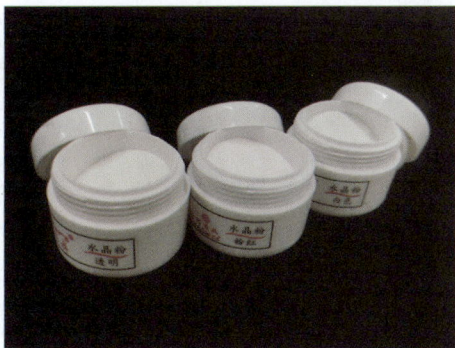

图2-24 水晶粉

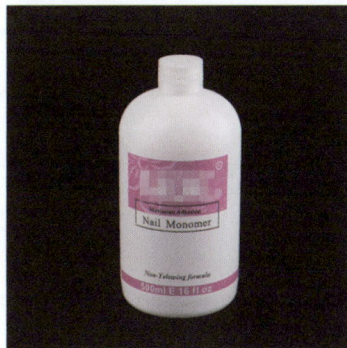

图2-25 水晶液

（6）彩绘类产品。彩绘类产品主要有丙烯颜料和彩绘胶两种，用于在甲片上绘制图案。

1）丙烯颜料（图2-26）：丙烯颜料有快干和塑胶的特性，内含胶质的绘画用颜料，很透亮，覆盖能力强，色彩鲜艳、饱和，干燥后防水。使用时用美甲小笔直接描绘图案即可。

2）彩绘胶（图2-27）：易流动，稳定性相对较好，操作起来更加简单方便，且颜色靓丽。在使用过程中要注意取量适中，并且在使用后必须照灯。

图2-26　丙烯颜料

图2-27　彩绘胶

2．专业美甲工具

（1）清洁工具主要有粉尘刷和棉片。

1）粉尘刷（图2-28）：用于清洁指（趾）甲上的粉屑，其毛质一定要非常柔软，这样才不易伤害皮肤。

2）棉片（图2-29）：用于擦拭指（趾）甲表面的粉屑及浮胶，一般可以选择薄的美甲棉片或化妆棉片。

图2-28　粉尘刷

图2-29　棉片

（2）修剪类工具。修剪类工具主要有指甲剪、死皮剪、死皮推、死皮叉、圆头剪刀等。

1）指甲剪：用于修剪指甲。指甲剪有大小之分；其次以前端的形状来分类，有平头指甲剪（图2-30）和斜面指甲剪（图2-31）两种。注意修剪的时候不可剪得太深，如果经常把指甲剪得较深，那么甲床会变得越来越短，这样会影响指甲的美观，尤其是女性。注意在修方形指甲时，不要剪去指甲前端的两个角。

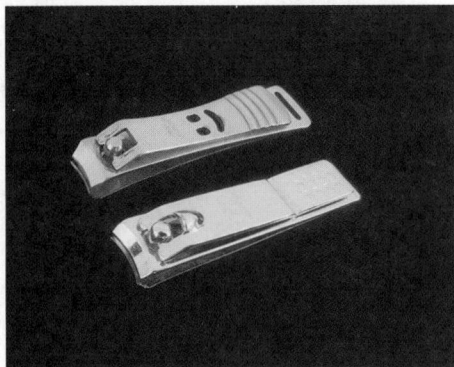

图2-30　平头指甲剪

图2-31　斜面指甲剪

2）死皮剪（图2-32）：用于修剪死皮。但要注意修剪死皮时不要剪得太深，清理干净即可，修剪后一定要及时涂上营养油来滋润皮肤。在挑选死皮剪时要观察死皮剪的尖头部分，不能太粗糙，而且剪口要锋利，以方便使用。

3）死皮推（图2-33）：又称钢推，用于清除甲面上的死皮。购买死皮推时应选择推口边缘整齐且锋利的。

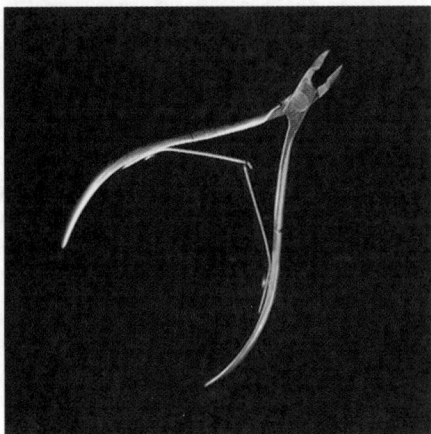

图2-32　死皮剪

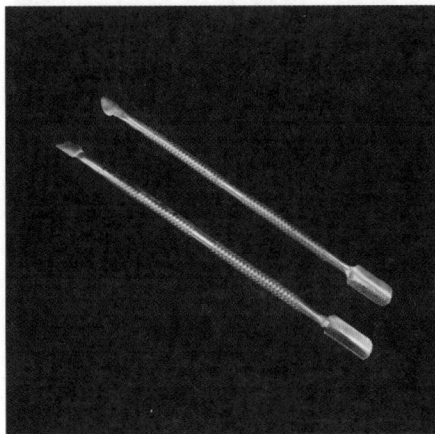

图2-33　死皮推

4）死皮叉（图2-34）：用于修理甲缘的角质，在去除死皮时不伤手。在指缘涂抹死皮软化剂，用死皮叉将指缘边的角质轻轻地去除，就可拥有清洁的指甲了。

5）圆头剪刀（图2-35）：用于处理死皮。圆头剪刀的圆头设计提高了使用的安全性，即使处理和甲肉位置接近的死皮时，也不会弄伤皮肤。

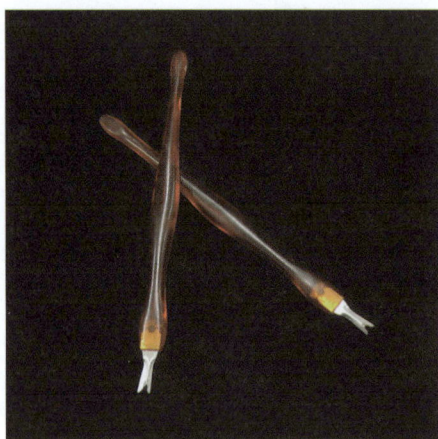
图2-34　死皮叉

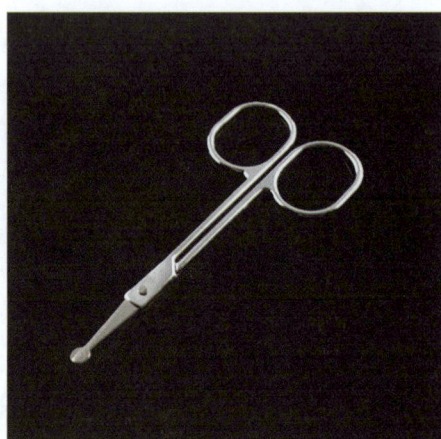
图2-35　圆头剪刀

（3）基础护理类工具。基础护理类工具主要有蜡抛、抛光条和锉条等。

1）蜡抛（图2-36）：用于将蜡涂抹均匀。

2）抛光条（图2-37）：用于指（趾）甲的抛光。抛光条有两面，一面为绿色，一面为白色。先使用绿色面打磨指（趾）甲使甲面更加光滑；再用白色面抛光，使指甲更亮。

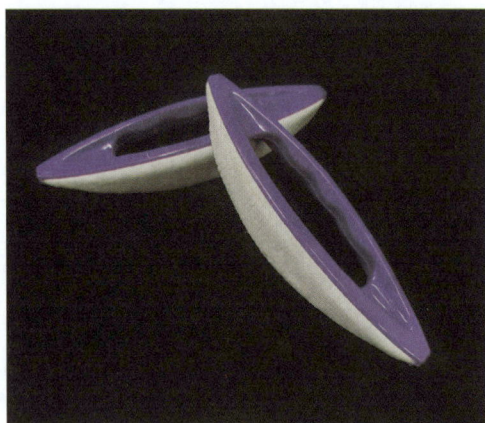
图2-36　蜡抛

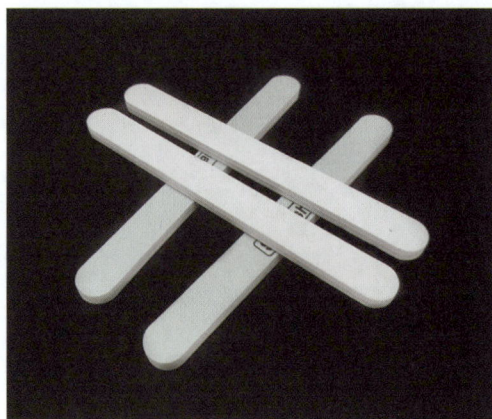
图2-37　抛光条

3）锉条：又称打磨条，用于指甲的修形及打磨，有金属锉、塑料锉、海绵锉，美甲时使用海绵锉居多。海绵锉有两面：粗糙面用于打磨甲面，使其产生刻痕，以便使指（趾）甲与甲片或底胶等黏合得更牢固；平滑面则用于减少刻痕。海绵锉有厚薄之分：薄的不易伤甲，适合本甲使用（图2-38）；厚的适合打磨假指甲（图2-39）。

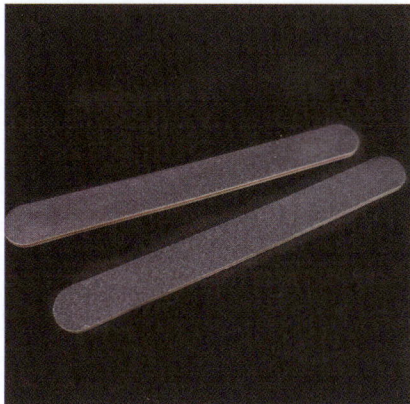

图2-38　薄海绵锉

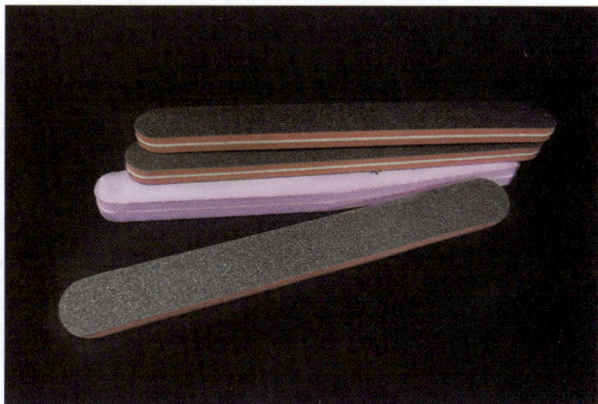

图2-39　厚海绵锉

（4）特殊类工具。特殊类工具主要有美甲工具箱、美甲光疗灯、泡手碗、镊子、水晶杯、塑形钳、美甲饰品、美甲分趾器和美甲垫枕等。

1）美甲工具箱（图2-40）：用于放置美甲产品及工具，建议选用容量较大的，以便容纳更多的美甲产品和工具。

2）美甲光疗灯（图2-41）：专门用于烘干光疗胶。如今常用的是LED灯，因为它小巧、方便、高效。

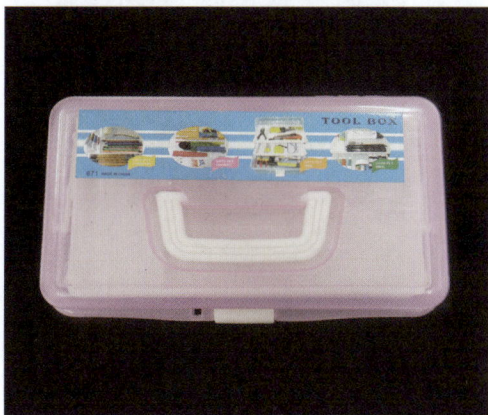

图2-40　美甲工具箱

图2-41　美甲光疗灯

3）泡手碗（图 2-42）：泡手碗有进口的和国产的两种。专业泡手碗中有一个手形模具，手放在上面正好与其形状相吻合。使用时将护理浸液或温水倒入泡手碗中，先浸泡左手，5 分钟后再换右手，这样既可清洁指甲，又可松软指皮。注意泡手碗里不可放入凉水和过热的水。

4）镊子（图 2-43）：一般分为直的和弯的两种，其作用是方便夹取各种装饰品。

图 2-42　泡手碗

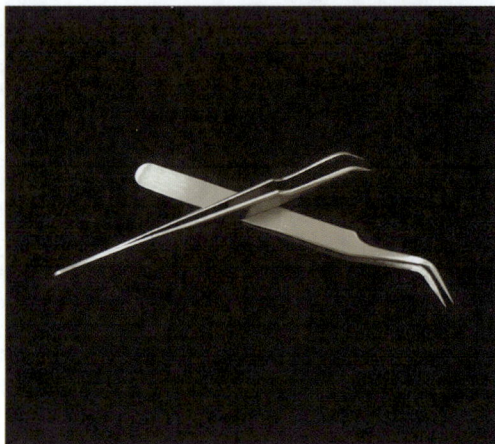

图 2-43　镊子

5）水晶杯（图 2-44）：用于分装各种美甲液体，材质以玻璃为主。

6）塑形钳（图 2-45）：用于光疗甲、水晶甲、琉璃甲延长时形状的塑造。

图 2-44　水晶杯

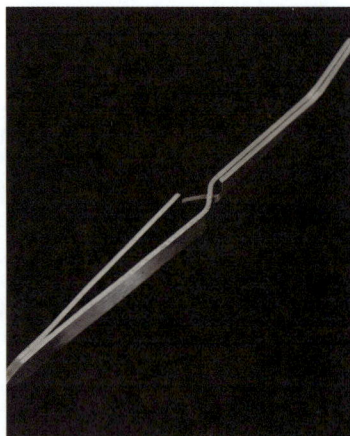

图 2-45　塑形钳

7）美甲饰品（图 2-46）：种类非常多，常见的有美甲装饰钻、贴花、彩色亮粉、珍珠等，美甲师可以根据美甲造型的需要选择适合的饰品。

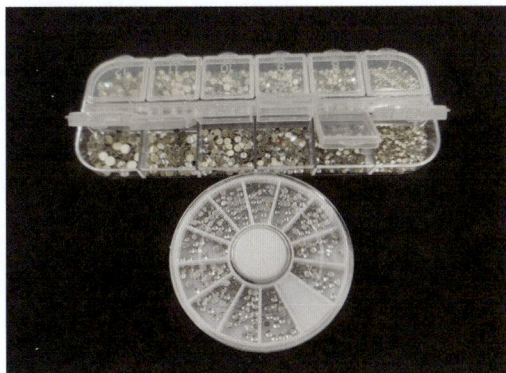
a. 美甲装饰钻

b. 贴花

c. 彩色亮粉

d. 珍珠

图 2-46　美甲饰品

8）美甲分趾器（图 2-47）：作用是防止脚趾相互触碰而蹭花刚涂好的指甲油。

9）美甲垫枕（图 2-48）：由毛巾包裹海绵制成，用于托垫美甲者的胳膊。

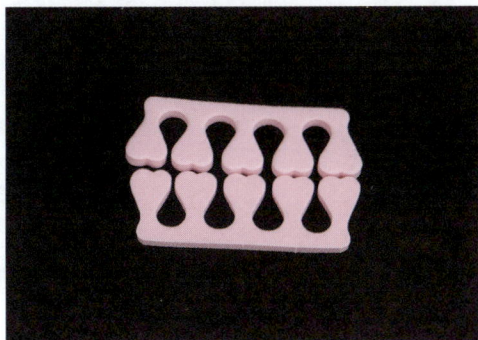
图 2-47　美甲分趾器

图 2-48　美甲垫枕

（5）美甲笔类工具。美甲笔主要有雕花笔、排笔、光疗笔、小笔、水晶笔、点钻笔和拉线笔，其作用是制作不同的美甲款式。

1）雕花笔（图2-49）：用于制作水晶平面雕花和立体雕花，用后必须马上清洗，注意在清洗时只能使用水晶液，不能使用清洁啫喱水。

2）排笔（图2-50）：用于美甲彩绘，一般配合丙烯颜料使用，使用后用清水清洗即可。

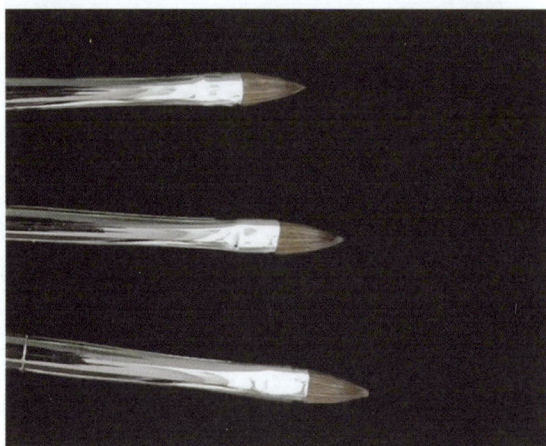

图 2-49　雕花笔

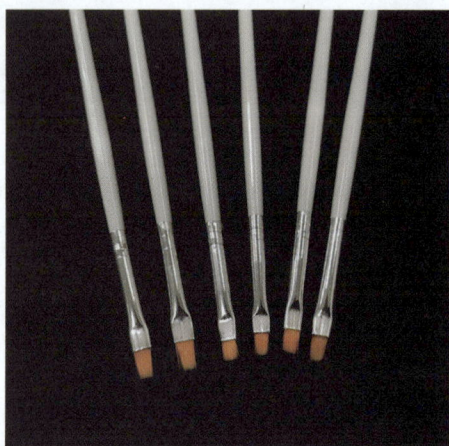

图 2-50　排笔

3）光疗笔（图2-51）：用于光疗甲的制作，使用后须用洗笔水清洗。

4）小笔（图2-52）：用于美甲彩绘和甲油胶款式的制作，使用后须用洗笔水清洗。

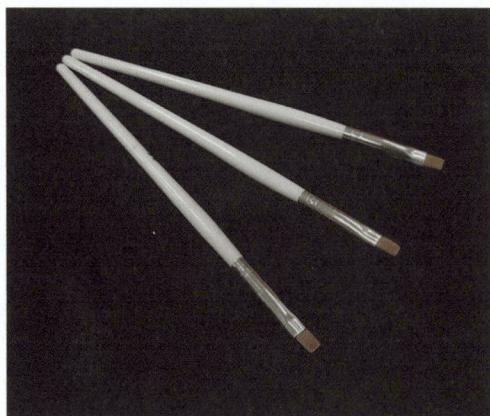

图 2-51　光疗笔

图 2-52　小笔

5）水晶笔（图2-53）：用于水晶甲的制作，使用后直接用洗笔水清洗。

6）点钻笔（图2-54）：用于粘贴美甲装饰钻。使用后用洗笔水清洗。

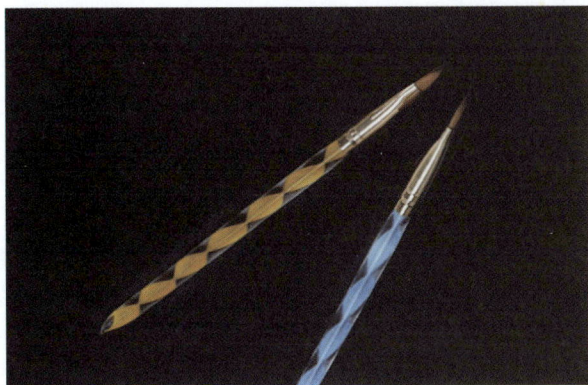
图 2-53　水晶笔

图 2-54　点钻笔

7）拉线笔（图2-55）：用于美甲彩绘线条的制作。笔毛不能分叉，使用后用洗笔水清洗。

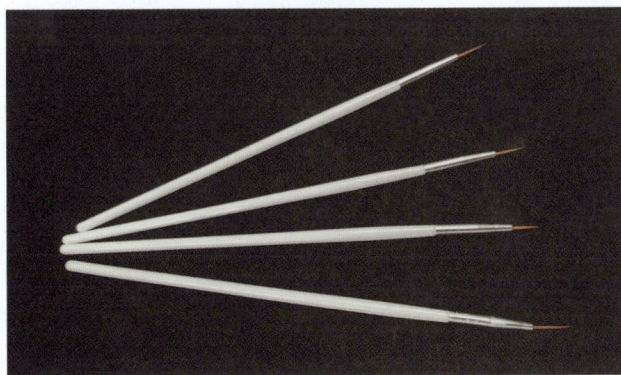
图 2-55　拉线笔

（五）注意事项

（1）在给顾客修手前必须对工具（如死皮推、死皮剪、指甲剪等）进行消毒。

（2）在使用软化剂时不能涂抹得太多，也不能涂抹到指甲表面，否则会造成甲面及皮肤的软化。

（3）使用洗甲水时尽量保持室内通风。

（4）不能经常给指甲打蜡，频率不宜超过每周2次。

（5）所有胶类产品都必须照灯才能固化。甲油胶需放置于不透光的瓶子中避光保存；擦洗封层在照灯后须用清洁啫喱水清洗，否则甲面会有浮胶。

（6）由于制作水晶甲时需要稀释水晶粉，气味比较浓烈，在使用的过程中必须戴口罩。未用完的水晶液必须放于水晶杯内并盖上杯盖，以防止挥发。

（7）修剪指（趾）甲的时候不可剪得太深，以免影响指（趾）甲的美观，在修方形指（趾）甲时，不要剪去指（趾）甲前端的两个角。

（8）修剪死皮时不要剪得太深，清理干净即可，修剪后一定要及时涂上营养油。

（9）注意泡手碗里不可放入凉水和过热的水。

（10）在制作不同的美甲款式时，要选择合适的笔。使用后的雕花笔只能用水晶液清洗；排笔使用后用清水清洗即可；光疗笔、小笔、拉线笔、点钻笔和水晶笔使用后须用洗笔水清洗。

实操练习

练习前文所述美甲产品和美甲工具的使用，掌握其使用方法和注意事项。

技能测评

测评结果	A. 优 □	B. 良 □	C. 中 □	D. 差 □
教师点评				

测评标准：教师根据学生对美甲产品和美甲工具使用的熟悉度及其注意事项的掌握程度等情况进行评价。

（崔　莉）

实训三　指（趾）甲的修形

（一）指（趾）甲的外形分类

根据外形特点，指甲可分为以下 5 种形状：方形、方圆形、椭圆形、圆形和尖形（图 3-1）。而趾甲的常见形状有方形、方圆形和圆形。

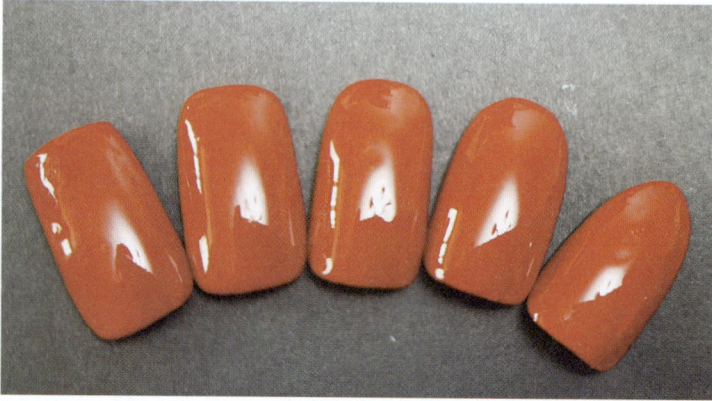

图 3-1　5 种甲形

（二）工具和必备品

包括锉条、海绵锉、粉尘刷等。

（三）操作步骤

1. 基础步骤

见图 3-2 ~ 3-7。

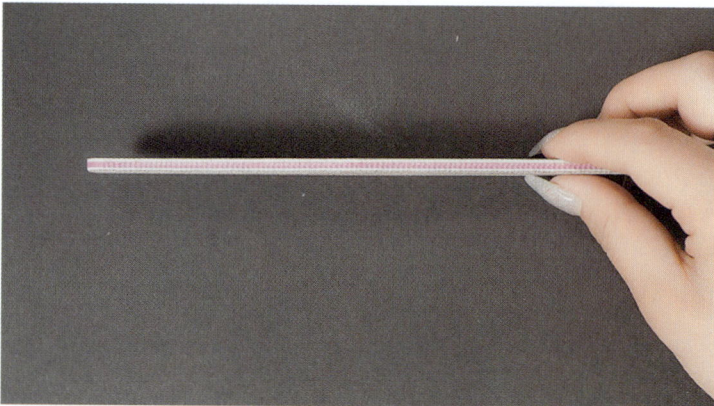

图 3-2　用四指握住锉条的一面，用拇指顶住另一面，用细面修磨，注意力度

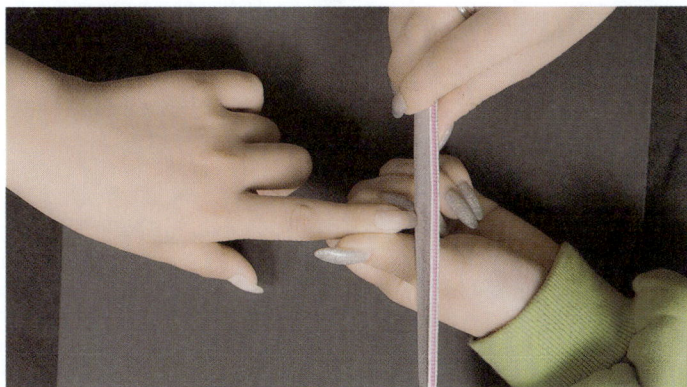

图 3-3　通常先修磨指甲前缘，注意单向修磨

图 3-4　然后修磨指甲两侧，注意使两侧平行且拐角弧度一致

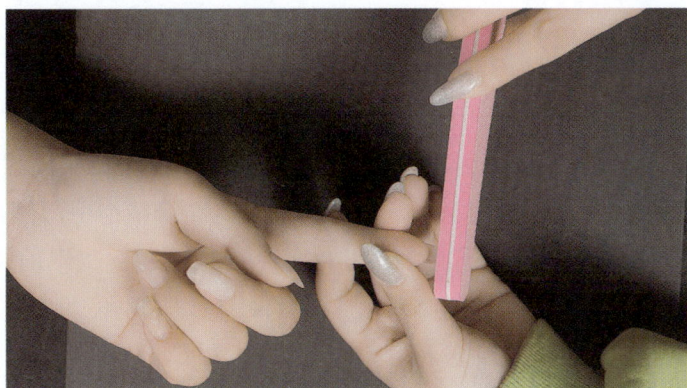

图 3-5　用海绵锉去除指甲前缘多余的毛刺

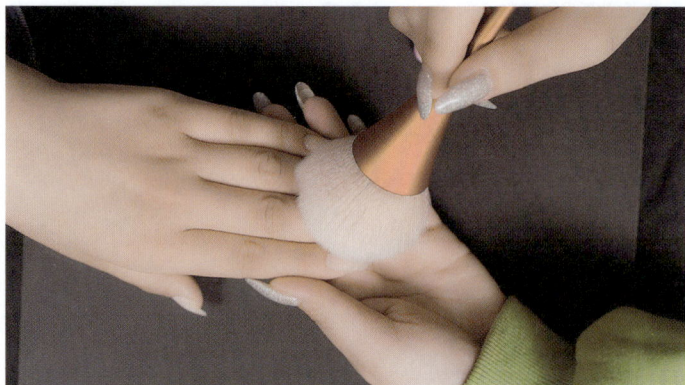

图 3-6　用粉尘刷扫除多余的粉屑

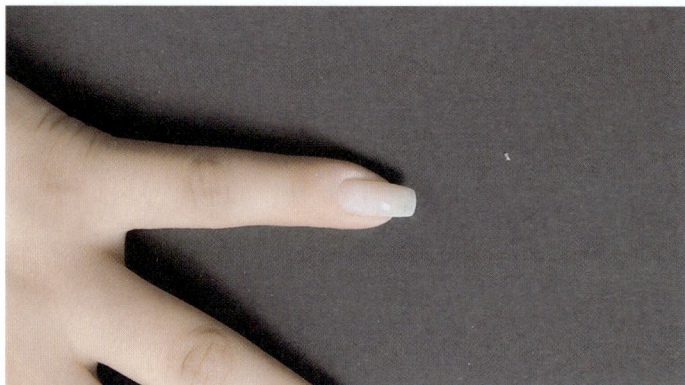

图 3-7　完成

2. 不同形状的指甲的特点和修整方法

（1）方形指甲。

1）特点：受力比较均匀，且受力面积较大，不易断裂。适合常用指甲前端工作的白领女性或者性格活泼的顾客。

2）修整方法如下。①用 180 号锉条修整指甲前缘，使锉条面与指甲前缘成约 90°角，从两侧向中间方向分别平直地打磨 3 下指甲前缘。②修整指甲两侧，使指甲两侧平行。③用海绵锉抛磨甲面并去除甲缘多余的毛屑。修整完成，指甲前缘与两侧接近垂直，两侧拐角大致为直角（图 3-8）。

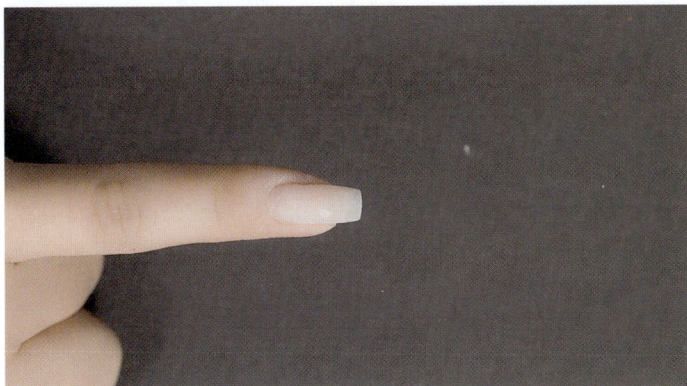

图 3-8　方形指甲

（2）方圆形指甲。

1）特点：时尚、耐磨，给人柔和的感觉，为大众喜爱的不易折断的理想甲形，适合指甲脆弱或经常展示自己手形的顾客。对于骨节明显、手指瘦长的顾客，方圆形指甲可以弥补手形的不足之处。

2）修整方法如下。①用 180 号锉条修整指甲前缘，使锉条接触面与指甲前缘大致成 90° 角，单向修磨，使其平整。②用锉条沿着指甲两侧向中间呈圆形曲线状打磨，将两侧的尖角磨圆，使两侧弧度对称。③用海绵锉抛磨甲面并去除甲缘多余的毛屑。修整完成，指甲前缘平整，两侧拐角处有一定的弧度（图 3-9）。

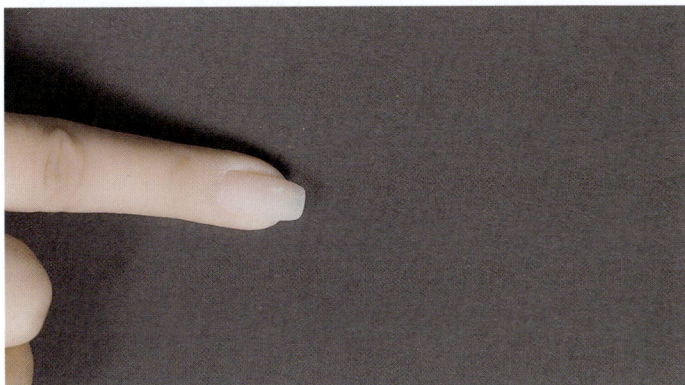

图 3-9　方圆形指甲

（3）椭圆形指甲。

1）特点：可以突出东方女性温柔、典雅的特点，适合注重手形和较传统的顾客。对于手形稍胖的顾客，椭圆形圆润的弧度可使手形显得修长。

2）修整方法如下。①平握 180 号锉条，沿着指甲前缘的下面从两侧向中间打磨。②对准指甲两侧的尖端，从两侧向中间按椭圆形曲线轨迹打磨，直至圆润、光滑。注意两侧圆弧应对称。③用海绵锉抛磨甲面并去除甲缘多余毛屑。修整完成，整甲呈椭圆形状，两侧拐角圆弧明显（图 3-10）。

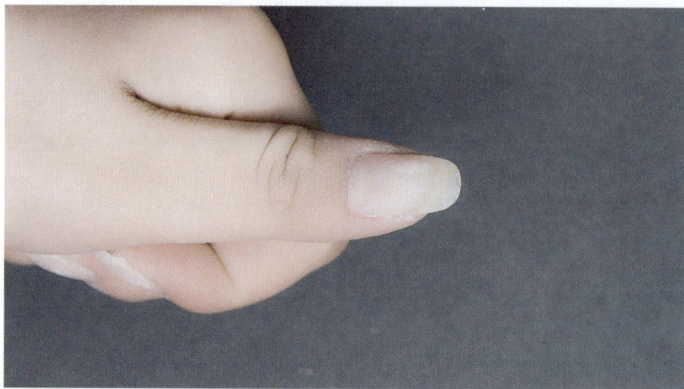

图 3-10　椭圆形指甲

（4）圆形指甲。

1）特点：圆形指甲适合甲床较宽、手掌较小或手指微胖的顾客，可从视觉上使指甲显得更窄。

2）修整方法如下。①用 180 号锉条修整指甲前缘，使锉条面与指甲前缘大致成 45° 角，单向修磨，使其平整。②确定最高点，将两侧拐角向中间的最高点修磨，注意弧度要对称。③用海绵锉抛磨甲面并去除甲缘多余的毛屑。修整完成，指甲前缘呈半圆形，两侧拐角圆润、自然（图 3-11）。

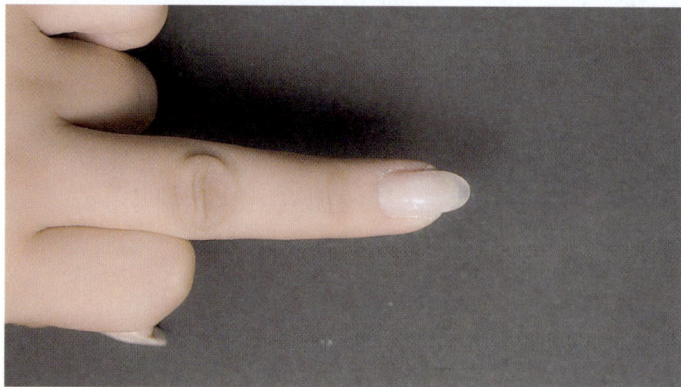

图 3-11　圆形指甲

（5）尖形指甲。

1）特点：充分展示古典风格；因指尖接触面小，所以尖形指甲容易断裂，适合指甲较厚的顾客。亚洲人的指甲较薄，不适合修成尖形，但在配合化妆时也可尝试。

2）修整方法如下。①与修磨成椭圆形指甲的方法一样，从两侧向中间打磨。②沿指甲前缘下方，从两侧向中间按曲线轨迹打磨成尖形。③用海绵锉抛磨甲面并去除甲缘多余的毛屑。修整完成，指甲前缘呈尖锥形，两侧拐角弧度大（图3-12）。

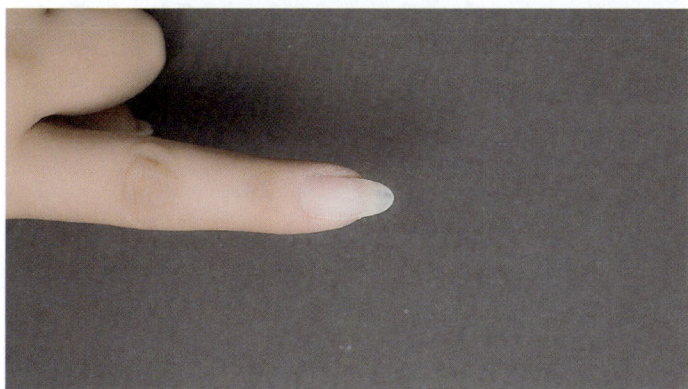

图 3-12　尖形指甲

3．趾甲的修形

一般将趾甲修成方圆形或圆形。修整步骤与指甲相同（图3-13、3-14）。

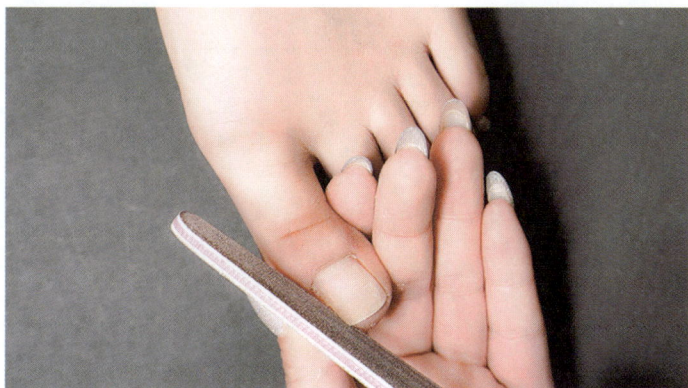

图 3-13　两侧弧度要修磨对称

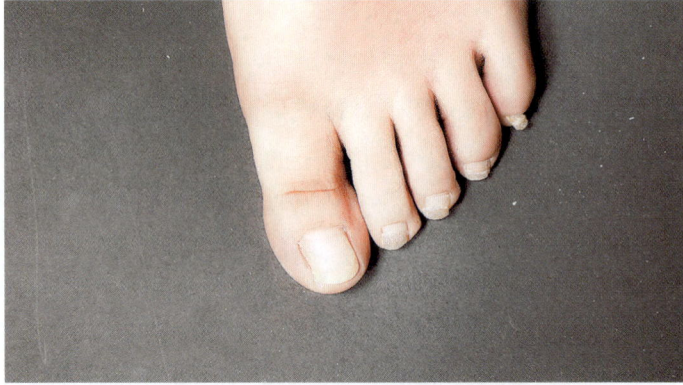

图 3-14　经过修形的趾甲呈圆形

（四）注意事项

（1）修整时注意从两边向中间修磨，不要来回修磨。

（2）清洁指芯时如果用到橘木棒，注意不要刺伤指芯。

（3）修形时，操作顺序均是从左手到右手（或从左脚到右脚），从每只手（或脚）的小指（小趾）到拇指（踇趾）。

（4）每次修形后注意去除指（趾）甲前缘的毛刺。

实操练习

练习上述操作，独立完成手指及脚趾修形的操作。

技能测评

测评结果	A. 优 □	B. 良 □	C. 中 □	D. 差 □
教师点评				

测评标准：教师根据学生甲形的修整情况、甲面的平整度、是否有毛刺等进行评价。

（张秋哲）

实训四　自然甲的养护

（一）自然甲的概念

自然甲又称爪甲，是紧密而坚实的角化皮层，位于手指或足趾末端的伸面。指（趾）甲的主要功能是保护其下柔软的甲床在工作中少受损伤，并帮助手指（足趾）完成较精细的动作。指（趾）甲分为甲板、甲床、甲襞、甲沟、甲根、甲上皮、甲下皮等部分。甲板相当于皮肤角化层。甲床由相当于表皮的辅层、基底层和真皮网状层构成。其下与指骨骨膜直接融合。甲襞是皮肤弯入甲沟的部分。后甲襞覆盖甲根，移行于甲上皮。甲床下方为甲下皮。甲床、甲襞不参与甲板的生长，指（趾）甲生长是甲根部甲基质细胞增生、角化并越过甲床向前移行的过程。但甲床控制着指甲按一定形状生长。甲床受损会导致指（趾）甲畸形生长。

（二）工具和必备品

消毒液、消毒液容器、毛巾、美甲垫枕、75% 酒精、棉球、棉球容器、洗甲水、橘木棒、小镊子、指甲剪、锉条、粉尘刷、泡手碗、软化剂、死皮推、死皮叉、死皮剪、营养油、抛光条、底油和彩色指甲油等。

（三）操作步骤

（1）消毒。用消毒液消毒自己的手和顾客的手（图 4-1）。

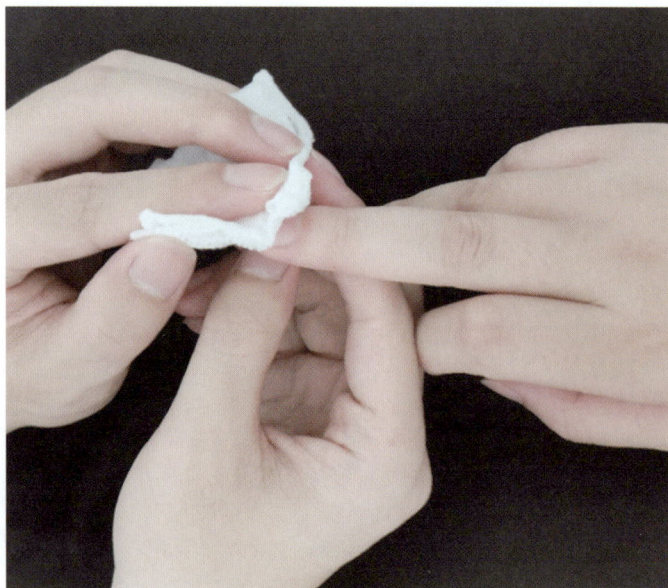

图 4-1　消毒

（2）去除指甲油和清洁指甲。用蘸有洗甲水的棉片清洁顾客双手上的指甲油，包括指甲周围与甲沟和前缘下方残留的指甲油和污垢（图4-2）。

图4-2　清洁指甲

（3）修整、除尘。根据顾客的要求用指甲剪修剪指甲的长短，用180号锉条修整指甲前缘形状，用粉尘刷清除指甲表面与甲沟里的粉屑（图4-3）。

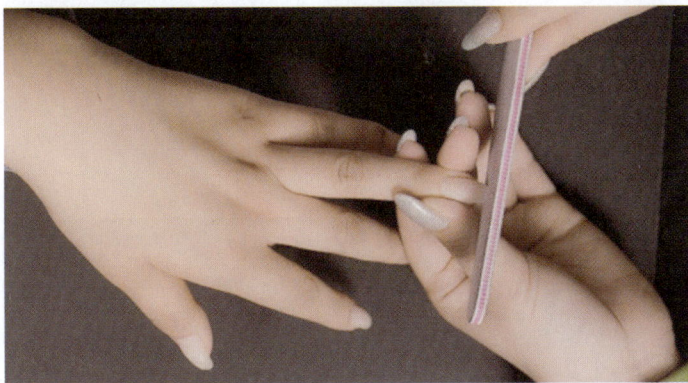

图4-3　修整、除尘

（4）浸泡。在泡手碗里注入温水，加入适量的护理浸液，浸泡顾客的双手，移出后擦干。

（5）清理污垢。用棉签清除指甲前缘下方的污垢。

（6）涂软化剂。在指甲周围均匀地涂上软化剂，以加速指皮软化。注意勿过量，勿涂在指甲上。

（7）推指皮。用死皮推将指甲后缘的指皮轻轻向后缘方向推至翘起。注意勿用力过猛。

（8）剪指皮。用死皮剪剪去软化翘起的后缘指皮。清洁双手手指并擦干。

（9）涂营养油。在指甲后缘处的皮肤处涂上营养油，轻轻按摩手指。

（10）抛光。用抛光条由粗到细对甲面进行抛光。

（11）清理油渍。用棉球蘸取酒精，清洁指甲表面和周围皮肤上的浮油，用棉签蘸取酒精并清理甲沟、甲襞和指甲前缘下方的残留油渍。

（12）消毒。再次给自己和顾客的双手消毒。

（13）涂底油。涂抹一层底油（图 4-4）。

图 4-4　涂底油

（14）涂彩色指甲油。涂抹 2 遍彩色指甲油（图 4-5）。

图 4-5　涂彩色指甲油

（15）涂亮油。涂抹一层亮油。涂抹指甲油的过程中，可用橘木棒制作的棉签蘸取洗甲水并清理涂抹到指甲两侧甲沟内和周围皮肤上的指甲油。

（16）消毒用具。将所有使用过的金属用具放入盛有消毒液的容器内浸泡消毒。

（17）清理工作台。将工作台清理干净，将物品摆放整齐。

（四）注意事项

（1）修整除尘时注意从两边向中间修磨，不要来回修磨。

（2）涂软化剂时注意不要涂在指甲上，以免指甲软化。

（3）推指皮前注意用酒精棉签清洁推皮砂棒前端。

（4）剪指皮时注意不要拉扯，应剪断，以免损伤指皮。

（5）应在一个指甲上完成一个项目后再在下一个指甲上进行。

实操练习

练习上述操作，独立完成自然甲养护的操作。

技能测评

测评结果	A．优□	B．良□	C．中□	D．差□
教师点评				

测评标准：教师根据学生对甲形的修整情况、甲面的平整度、作品的完美度等进行评价。

（朱晶晶）

实训五　色彩、构图和布局的基本原理

（一）色彩的分类

色彩是光线照射到物体上产生的一种视觉效应。当光线照射到物体上时，物体本身的材质决定了其光线中的某些色光吸收、反射或穿透的特性，反射回来的色光作用于人的视网膜，便产生了某种色彩感觉（图 5-1）。

图 5-1　色彩

间色：又称二次色，是两种原色（指红色、黄色和蓝色）的等量混合。在伊登（Itten）的 12 色相环中，间色处于两种原色之间。

复色：在间色的基础上产生，由两种间色或三种原色的适当混合产生。复色又称再间色或三次色。例如：橙与绿混合成橙绿色，呈黄灰色；橙与紫混合成橙紫色，呈红灰色；绿与紫混合成绿紫色，呈蓝灰色。

凡是复色都含有三原色的成分，都呈灰色调。三原色等量混合即呈中性灰色。将三原色按各种不同比例混合就能产生出千变万化的色彩。

（二）色彩的混合

1. 加色混合法

加色混合法又称色光的混合，即将不同的色光混合到一起，产生新的色光。它的特点是将相混合的色光的明度相加，混合的色光成分越多，所得到的新色光的明度越高。将等量的原色色光混合，就可以得到不同层次的灰色；将所有的色光加到一起（三原色色光都为最大值），就可以得到白色（图 5-2）。

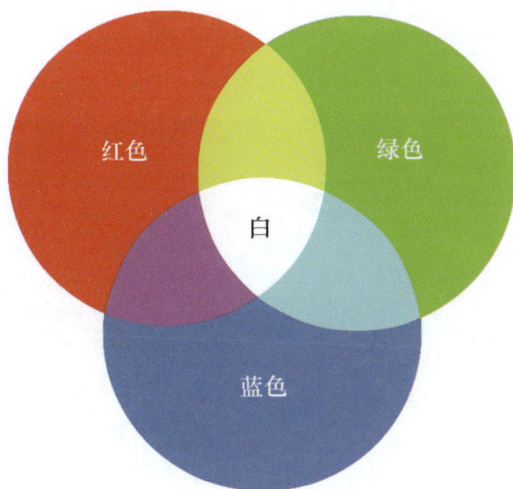

图 5-2　加色混合法

2. 减色混合法

减色混合法也称颜料混合，即将不同的颜色混合到一起，可以得到新的颜色。它的特点是混合的颜色越多，或者混合的次数越多，所得到的颜色就越灰暗。将所有的颜色混合到一起，就可以产生黑色（图 5-3）。

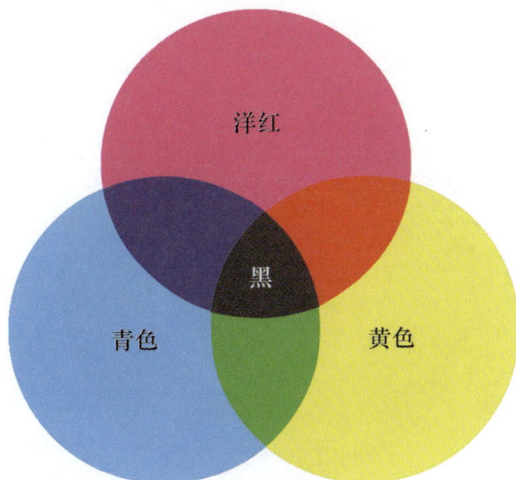

图 5-3　减色混合法

（三）色彩的属性

色彩的属性（图 5-4）是指色彩具有的色相、纯度和明度（色彩的亮度）这三种性质。

白	浅灰	中灰	深灰	黑
最高明度	高明度	中明度	低明度	最低明度

图 5-4 色彩的属性

有彩色系（简称彩色系）是指红、橙、黄、绿、青、蓝、紫等颜色，不同明度和纯度的红、橙、黄、绿、青、蓝、紫都属于有彩色系。有彩色系的颜色具有 3 个基本特征，即色相、纯度和明度。熟悉和掌握色彩的三个特征，对于认识色彩和表现色彩是极为重要的（图 5-5）。

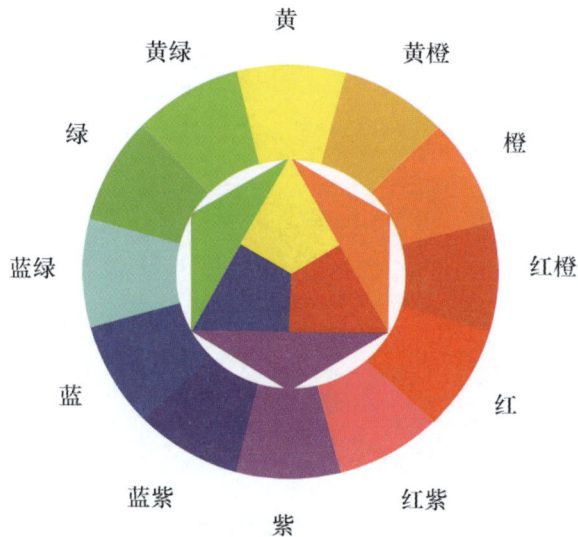

图 5-5 彩色系

色相（图 5-6）即各类色彩的相貌称谓，是色彩的首要特征。

图 5-6　色相

　　纯度就是色彩鲜艳和纯净的程度。一种颜色，当加入灰色进行调和后，其纯度就会比原来的颜色低（图 5-7）。纯度最高的色彩就是原色，纯度降低，色彩会变暗、变淡。当纯度下降至最低阈时失去色相，成为无彩色，即变为黑、白、灰。

图 5-7　纯度

　　明度是指眼睛对明暗程度的感觉，由光线的强弱来决定的一种视觉体验。总体而言，光线越强，看上去更亮；反之，看上去则更暗。

（四）构图

　　构图是造型艺术的术语，指作品中艺术形象的结构配置方法。它是造型艺术中表达作品的思想内容并获得艺术感染力的重要手段。

　　构图技巧对美甲绘图领域的创作有非常重要的作用。新颖巧妙的构图不仅使作品美观，更能鲜明地反映和升华主题思想，增强其艺术感染力。

　　常见的构图形式有弧形、S 形、三角形、梯形（图 5-8）。

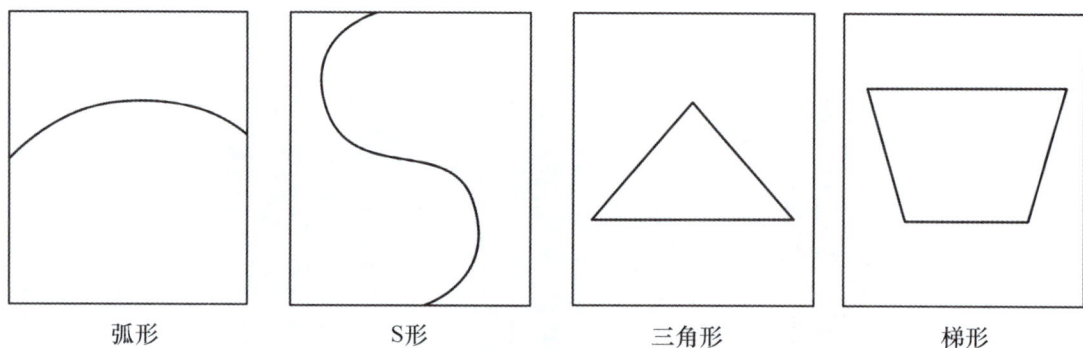

| 弧形 | S形 | 三角形 | 梯形 |

图 5-8　构图技巧

图 5-9 ~ 5-11 为美甲中的构图实例。这三个实例构图合理，线条完美。

图 5-9　构图实例（1）

图 5-10　构图实例（2）

图 5-11　构图实例（3）

（五）布局

布局是每一个元素在作品中的位置安排。

一个合理的布局会兼顾所有的元素，使各元素之间相互呼应并成为一个整体；并从全局的角度出发，做到主次分明，有所取舍。

图 5-12～5-14 为美甲中的布局实例。

图 5-12　布局实例（1）

图 5-13　布局实例（2）

图 5-14　布局实例（3）

实操练习

练习上述操作，独立完成色彩、构图和布局的操作。

技能测评

测评结果	A. 优 □　　　B. 良 □　　　C. 中 □　　　D. 差 □
教师点评	

测评标准：教师根据学生甲面的颜色搭配、甲面的构图、作品的完美度等情况进行评价。

（朱晶晶）

实训六　甲油胶的选择与涂法

（一）甲油胶的选择

选对甲油胶对于美甲的效果是非常重要的，甲油胶若质量不佳，会发生缩胶、起翘、脱落的现象，即使美甲技巧再高超，最后还是功亏一篑。图 6-1 为甲油胶展示台。

一般来说，好的甲油胶离不开以下几个标准：色彩方面，色差越小越好；色泽方面，一般饱和度应适中，鲜亮的美甲颜色会更吸引顾客；质地方面，甲油胶的稀稠度应适中，太稀的甲油胶容易流胶，而且颜色容易涂不实，而太稠的不易刷开，美甲师的取量也不好控制；毛刷方面，好的甲油胶刷头毛量和柔软度适中，涂起来顺滑流畅，不会有阻塞感，即使是新手美甲师，也不容易涂得厚薄不均。

图 6-1　甲油胶展示台

（二）甲油胶的基础上色技法

1．甲油胶基础上色的工具和必备品

75% 酒精、毛巾、洗甲水、美甲棉片、底胶、甲油胶（本实训以红色甲油胶为例）、免洗封层、软化剂、锉条、海绵锉、抛光条、橘木棒、指甲剪、推皮砂棒、死皮剪、粉尘刷、甲片、美甲光疗灯等（图 6-2）。

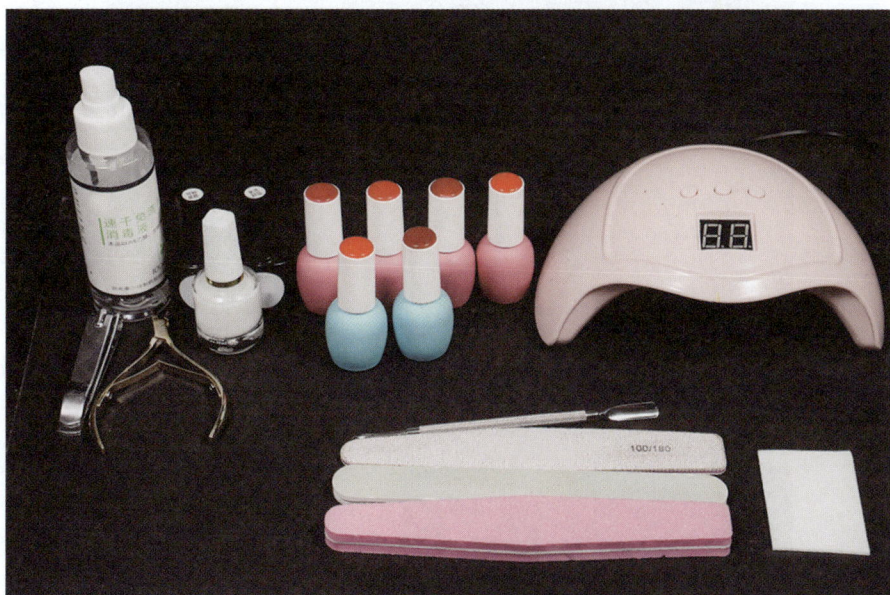

图 6-2　甲油胶基础上色的工具和必备品

2. 具体步骤

（1）清洁自己的双手，请顾客清洁双手。并准备好已消毒完毕的工具和用品。

（2）根据顾客的需求，完成卸甲、修形、指甲护理等项目。

（3）用海绵锉抛磨整甲至不光滑（图 6-3）。

图 6-3　用海绵锉抛磨

（4）用粉尘刷扫除粉屑（图 6-4）。

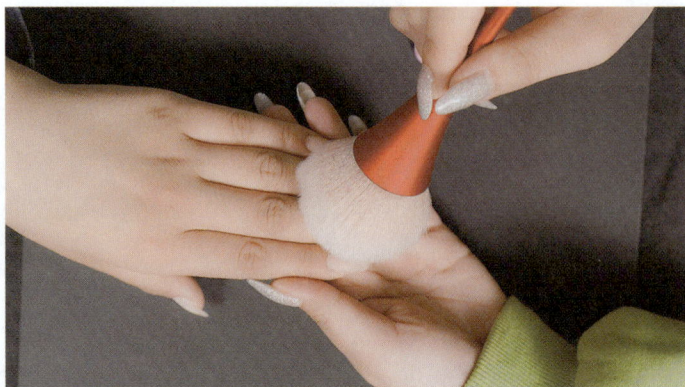

图 6-4　扫除粉屑

（5）用棉片蘸取 75% 酒精清洁（图 6-5）。

图 6-5　清洁

（6）涂抹底胶，注意包边并来回涂抹 2 次（图 6-6）。从指甲后缘往前缘均匀涂抹（图 6-7）。注意指甲两侧都要涂抹到位。

图 6-6　涂抹底胶

图 6-7　涂抹底胶

（7）照灯固化 60 秒（图 6-8）。

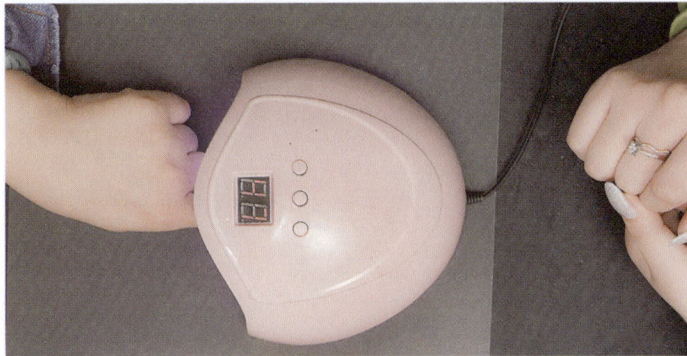

图 6-8　照灯

（8）涂抹红色甲油胶，注意包边并来回涂抹 2 次（图 6-9）。从指甲后缘向前缘均匀涂抹红色甲油胶（图 6-10）。注意指甲两侧都要涂抹到位。

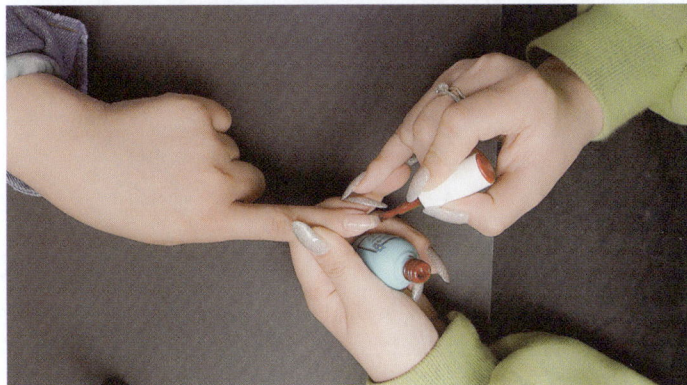

图 6-9　涂抹甲油胶

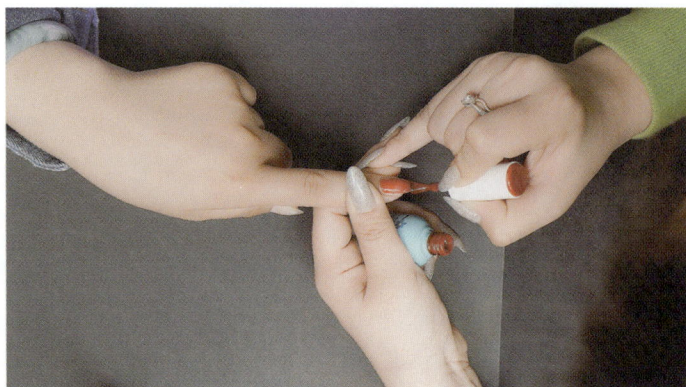

图 6-10　涂抹甲油胶

（9）照灯固化 60 秒（图 6-11）。

图 6-11　照灯

（10）涂抹免洗封层，注意包边并在指甲前缘来回涂抹 2 次（图 6-12）。从指甲后缘向前缘均匀涂抹免洗封层。注意指甲两侧都要涂抹到位。然后照灯固化 90 秒（图 6-13）。

图 6-12　涂抹免洗封层

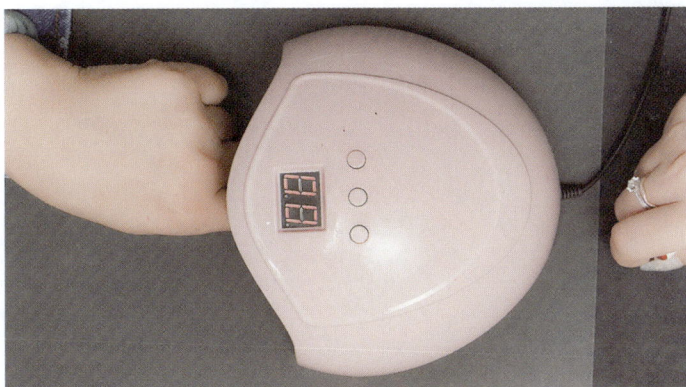

图 6-13　照灯

（11）完成（图 6-14、6-15）。

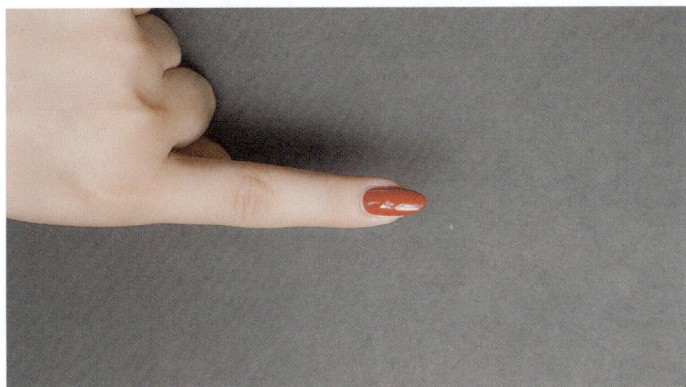

图 6-14　完成

图 6-15　完成效果

（三）注意事项

（1）短指甲的建议涂法：先涂甲面的中间，再涂两侧。

（2）长指甲的建议涂法：先涂指甲前缘，再从指甲后缘向前缘涂抹，同时注意先中间、后两侧。

（3）每一层上色都不宜过厚，否则会造成缩胶。

（4）如果想让甲油胶的颜色效果更加浓厚，则需要薄薄地涂上3层或更多层，而不是厚厚地涂上2层。

（5）照灯时间不宜过长。

（6）每一项操作程序均是从左手到右手，从每只手的小指到拇指。

实操练习

练习上述操作，独立完成甲油胶基础上色的操作。

技能测评

测评结果	A. 优 □	B. 良 □	C. 中 □	D. 差 □
教师点评				

测评标准：教师根据学生对甲形的修整情况、上色的均匀度、甲面的平整度、作品的完美度、是否有包边、是否有毛刺等进行评价。

（张秋哲）

实训七　指甲彩绘——小雏菊

（一）工具和必备品

雏菊笔、万能笔、短线笔、蓝色甲油胶、红色甲油胶、黄色甲油胶、白色彩绘胶、黑色彩绘胶、加固胶、免洗封层、调色板、甲片、甲托等（图 7-1）。

图 7-1　小雏菊彩绘的工具和必备品

（二）操作步骤

（1）涂抹蓝色甲油胶（图 7-2），为甲面打底。照灯固化 60 秒。完成后再重复 2 遍。

图 7-2 涂抹蓝色甲油胶

（2）用雏菊笔蘸取白色彩绘胶，画出第 1 层细长的花瓣，注意在每片花瓣间留出空隙（图 7-3）。

图 7-3 绘出第 1 层雏菊花瓣

（3）用万能笔蘸取红色甲油胶，涂抹在花瓣中心，画出花芯（图 7-4）。照灯固化 60 秒。

图 7-4　画出花芯

（4）涂抹加固胶，照灯固化 60 秒。

（5）用雏菊笔蘸取白色彩绘胶，画出第 2 层细长的花瓣（图 7-5），然后照灯固化 60 秒。

图 7-5　绘出第 2 层雏菊花瓣

（6）用万能笔蘸取黄色甲油胶，叠涂在红色花芯上，以增加花芯色彩的自然感，照灯固化 60 秒。

（7）用同样的手法在左下角绘出半朵小雏菊，照灯固化 60 秒（图 7-6）。

图 7-6　再绘出半朵小雏菊

（8）用短线笔蘸取黑色彩绘胶，点涂在花芯处，画出花蕊。然后照灯固化 60 秒。

（9）涂抹免洗封层，照灯固化 60 秒，完成（图 7-7）。

图 7-7　小雏菊彩绘作品

（三）注意事项

（1）画雏菊花瓣时，要朝着花芯方向画出花瓣，用雏菊笔一笔画成，收笔要轻，花瓣形状要饱满、圆润。

（2）第1层花瓣之间应留有均匀的间隙，给第2层花瓣留出空间。

（3）在第1层花瓣画完后可涂加固胶，然后再画第2层花瓣，这样可以使雏菊更立体、更有层次感。

（4）画花芯时甲油胶要向外自然晕染。

（5）根据雏菊在甲面的位置，适当地在甲面上画些小的完整雏菊或半个雏菊，使甲面整体布局更加合理、美观。

实操练习

练习上述操作，独立完成小雏菊彩绘的操作。

技能测评

测评结果	A. 优 □	B. 良 □	C. 中 □	D. 差 □
教师点评				

测评标准：教师根据学生所绘花瓣形状的饱满、圆润程度，花芯过渡的自然度，甲面整体色调的和谐度，以及雏菊分布的和谐度等情况进行评价。

（林　杉）

实训八　指甲彩绘——豹纹

（一）工具和必备品

万能笔、短线笔、浅棕色甲油胶、深棕色甲油胶、黑色彩绘胶、加固胶、免洗封层、调色板、甲片、甲托等（图 8-1）。

图 8-1　豹纹彩绘的工具和必备品

（二）操作步骤

（1）取浅棕色甲油胶，为甲面打底（图 8-2），照灯固化 60 秒。完成后再重复 2 遍。

图 8-2　涂抹浅棕色甲油胶

（2）用万能笔蘸取深棕色甲油胶，在甲面上画出不规则的小色块，作为豹纹斑点（图 8-3）。然后照灯固化 60 秒。

图 8-3　画豹纹斑点

（3）用短线笔蘸取黑色彩绘胶，在豹纹斑点的边缘描画出粗细不一的线条，勾勒出豹纹纹路（图 8-4），照灯固化 60 秒。

图 8-4　勾勒豹纹纹路

（4）涂抹加固胶，照灯固化 60 秒（图 8-5）。

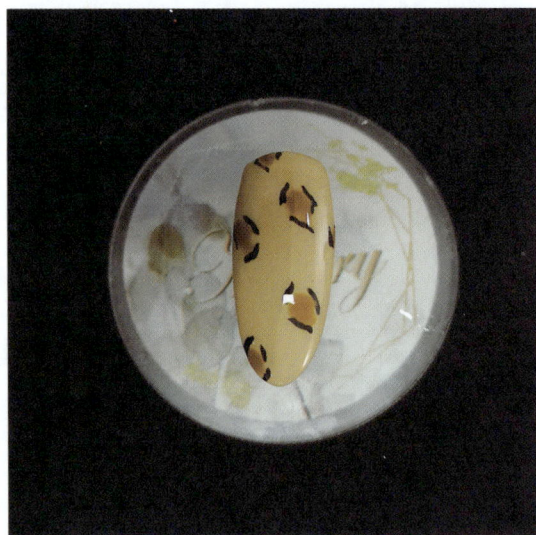

图 8-5　涂抹加固胶

（5）涂抹免洗封层，照灯固化 60 秒。

（三）注意事项

（1）画豹纹斑点的色块时，色块形状要随意、不规则。

（2）豹纹斑点的位置分布要协调，注意色块之间的距离。

（3）勾勒豹纹纹路时要沿着豹纹斑点周围进行，手法不要太规则，纹路不要全部包住豹纹斑点。

（4）注意豹纹底色与豹纹斑点的颜色搭配。

实操练习

练习上述操作，独立完成豹纹彩绘的操作。

技能测评

测评结果	A. 优 □	B. 良 □	C. 中 □	D. 差 □
教师点评				

测评标准：教师根据学生作品中甲油胶的色彩搭配、豹纹斑点的色块形状及分布、豹纹纹路的勾勒情况等进行评价。

（林　杉）

实训九　指甲彩绘——大理石纹

（一）概述

大理石纹美甲一直是美甲师们喜爱的款式，尤其是黑白色大理石纹款式经久不衰。本次教学以白色打底为例，介绍大理石纹的画法。

（二）工具和必备品

白色（或黑色）甲油胶、免洗封层、底胶、加固胶、彩绘笔（拉线笔、万能笔）、黑色（或白色）彩绘胶、甲托、调色板、甲片等（图9-1）。

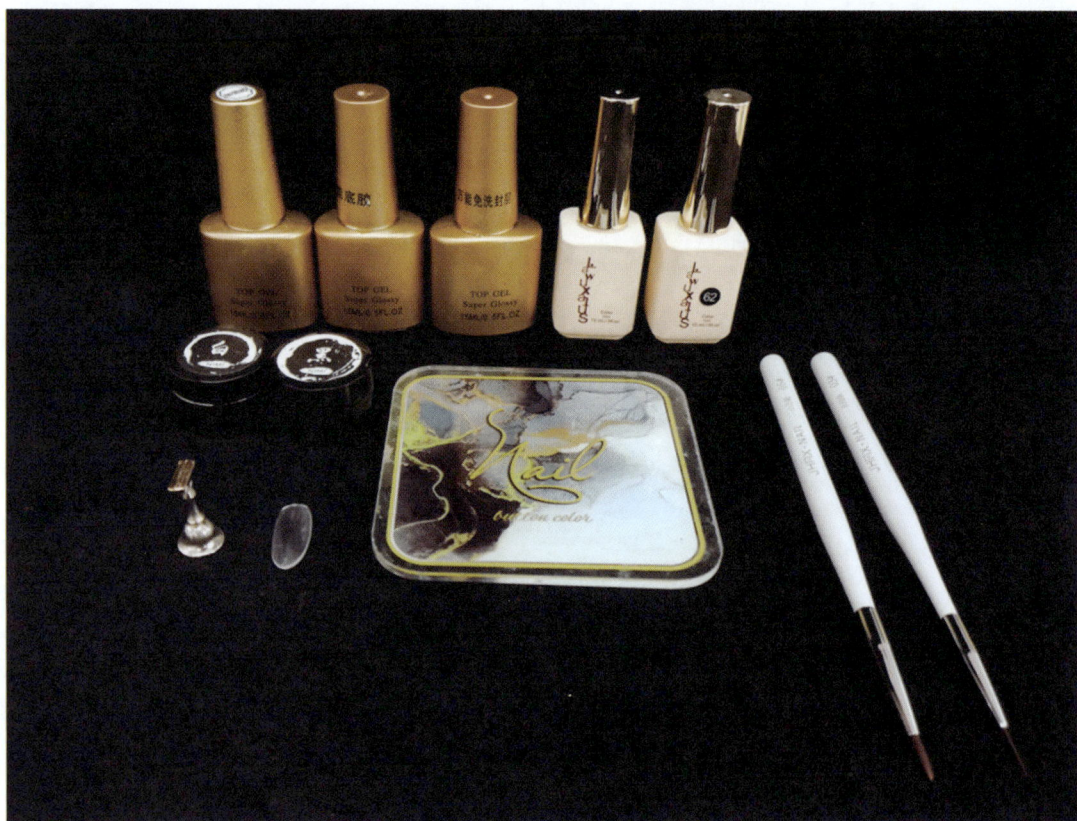

图 9-1　大理石纹彩绘的工具和必备品

（三）操作步骤

（1）用白色甲油胶打底（图9-2），照灯固化60秒。

（2）重复上一步骤2遍，以增加饱和度。

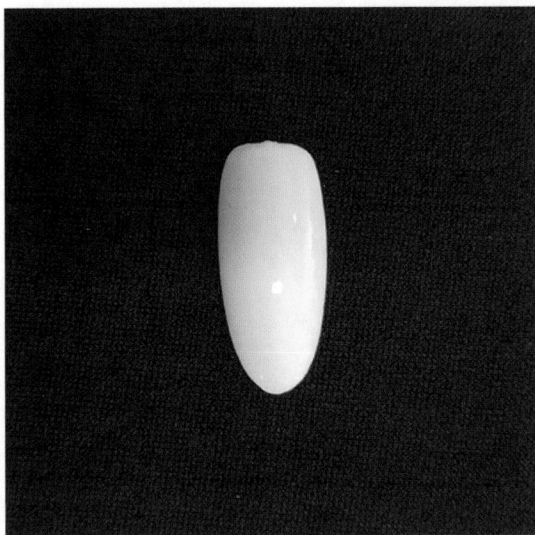

图 9-2　用白色甲油胶打底

（3）涂抹底胶后，用拉线笔蘸取少量黑色彩绘胶，在甲面上画出黑色线条，模仿天然大理石纹路（图 9-3）。注意线条的颜色有深有浅，形状不要很均匀或圆润。照灯固化 60 秒。

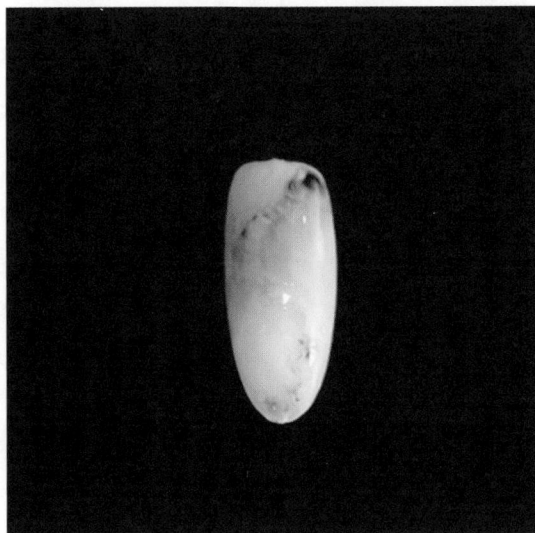

图 9-3　画出大理石纹路

（4）再次涂抹底胶，用拉线笔蘸取少量黑色彩绘胶，继续加深线条轮廓。取万能笔将线条边缘晕染开，营造出一种裂开的感觉（图 9-4）。照灯固化 60 秒。

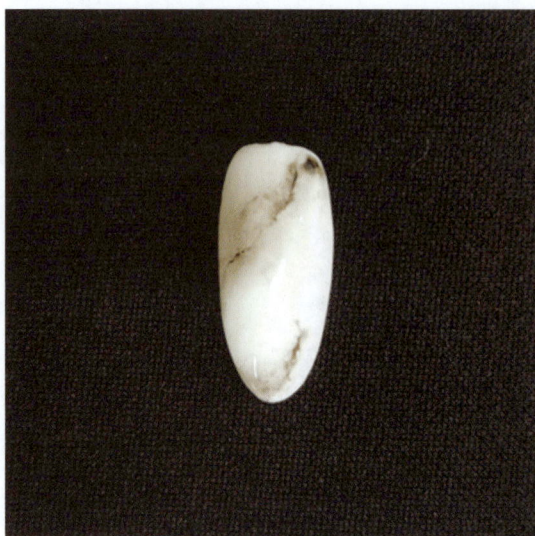

图 9-4　将线条边缘晕染开

（5）第 3 次涂抹底胶，用拉线笔蘸取少量黑色彩绘胶，继续加深线条轮廓。取万能笔把线条边缘晕染开，照灯固化 60 秒。

（6）涂抹加固胶，增加甲面饱和度，照灯固化 60 秒。

（7）涂抹免洗封层，照灯固化 60 秒，完成（图 9-5）。

图 9-5　完成效果

（四）注意事项

（1）黑色打底的操作方法同理，取黑色甲油胶打底，用白色彩绘胶画出纹理。

（2）用拉线笔取胶时，要少量、多次进行，以保证画大理石纹时纹路的自然。

实操练习

练习上述操作，独立完成黑白大理石纹的款式制作。

技能测评

测评结果	A．优 □	B．良 □	C．中 □	D．差 □
教师点评				

测评标准：教师根据甲面的平整度和作品的完美度等情况进行评价。

（陈　菲）

实训十　贴片甲（全贴、半贴甲片）的制作

（一）概述

贴片甲是指使用专用胶水将全贴或半贴甲片贴在本甲上的一种美甲技术，可以起到修补和装饰断落或受损的指甲的作用。根据贴片甲与本甲结合方式的不同，贴片甲可分为全贴甲片、半贴甲片和法式贴甲片三大类。本实训以前两种为例进行介绍。

（二）工具和必备品

75% 酒精、棉片、软化剂、营养油、锉条、粉尘刷、死皮剪、死皮推、海绵锉、U 形剪、橘木棒、甲油胶、免洗封层、底胶、加固胶、全贴甲片、半贴甲片、甲片胶水等（图 10-1）。

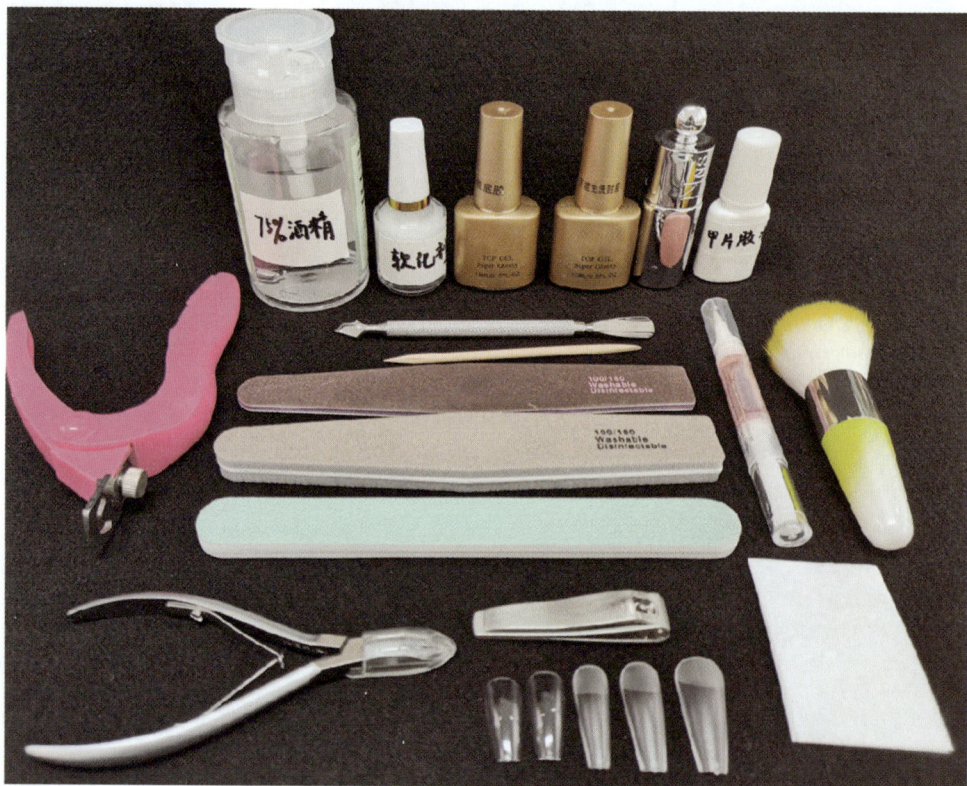

图 10-1　制作贴片甲的工具和必备品

（三）操作步骤

1. 全贴甲片的操作方法

（1）消毒。取棉片蘸取适量 75% 酒精，按照手背、手心、指缝、指甲的顺序消毒自己的双手（图 10-2、10-3）。然后按照同样的方法消毒顾客的双手。

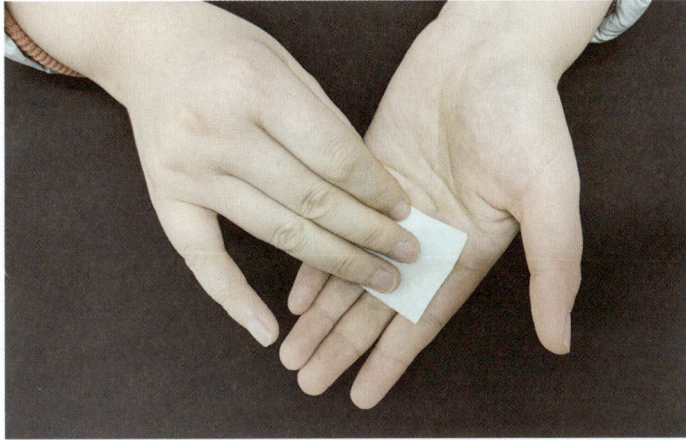

图 10-2　消毒美甲师的手心

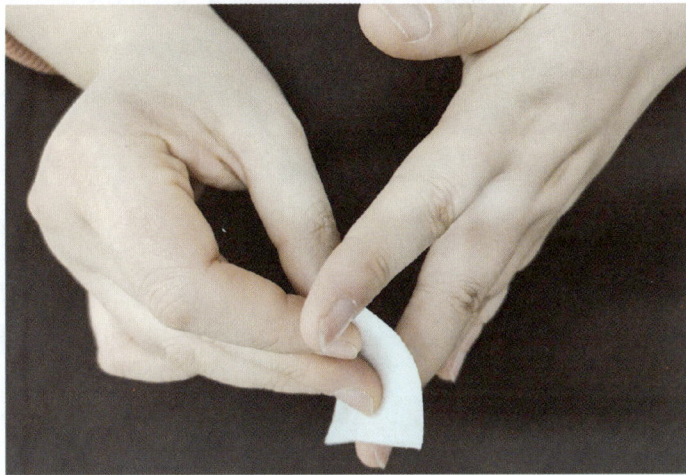

图 10-3　消毒美甲师的指缝

（2）修磨本甲、除尘。用锉条修磨本甲前缘，用粉尘刷清扫甲面。

（3）清洁指芯。用橘木棒制成的棉签蘸取 75% 酒精，从左手小指开始依次清洁指芯（注意不要刺伤指芯）。

（4）涂软化剂。将软化剂均匀地涂在指甲指皮和指缘上（注意不要涂在指甲上，防止指甲软化）。

（5）推指皮。用死皮推将指甲后缘老化的指皮向指甲后缘方向推至翘起，以使指甲显得修长（注意用酒精棉片清洁死皮推前端）。

（6）剪指皮。用死皮剪修剪死皮和倒刺，使用时注意不要拉扯，应剪断，以免损伤周围指皮。

（7）涂营养油。将营养油涂在指甲后缘，轻轻按摩以促进吸收。

（8）刻磨。用锉条轻轻刻磨甲面至不光滑（图10-4），目的是增大接触面积并去除指甲表面的油脂，使全贴甲片更牢固地贴在甲面上。然后用粉尘刷扫除粉屑，用棉片蘸取75%酒精清洁甲面。

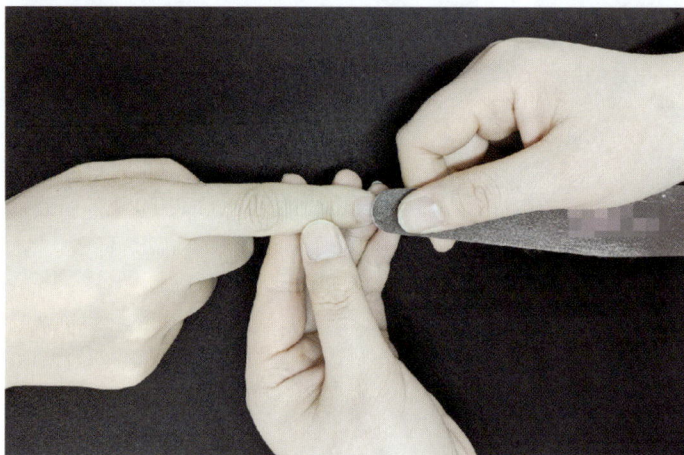

图 10-4　刻磨

（9）选修贴片。根据顾客的指形选择合适的全贴甲片。其大小的选择标准是当全贴甲片覆盖在甲面时，甲片与指甲后缘的弧度是贴合的。若不贴合，可选择比甲床稍宽一点的甲片，用锉条修磨甲片后缘和两侧，直至其贴合指甲后缘和两侧（图10-5）。

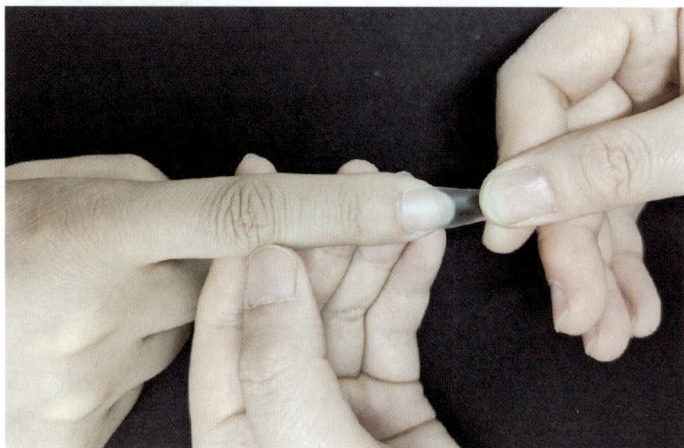

图 10-5　选修全贴甲片

（10）涂甲片胶水。在甲片背部的凹槽内涂抹甲片胶水。注意胶水要涂抹均匀。

（11）贴甲片。将全贴甲片的后缘顶住指甲后缘，使二者吻合，并将甲片由后向前轻轻压在本甲的甲面上，按压固定10秒。用拇指在两侧稍稍用力挤压甲片，使其更加贴合本甲（图10-6）。

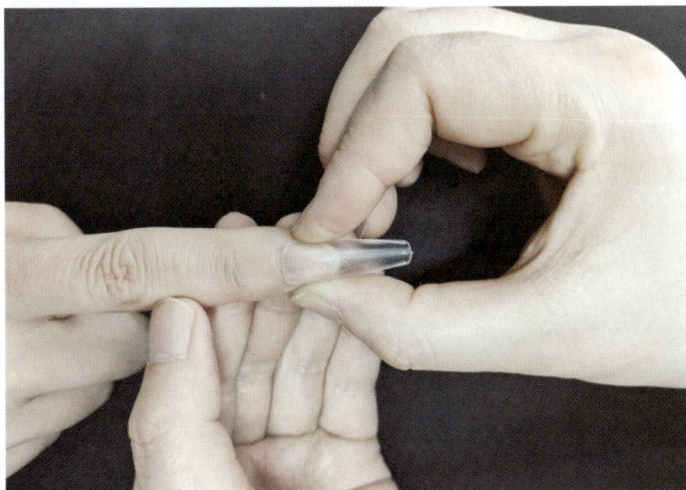

图 10-6　贴甲片

（12）修形。根据顾客的喜好修形。先用U形剪剪去多余的人造甲片，再用锉条横向修磨甲片前缘，纵向修磨两侧，修出合适的甲形（图10-7）。然后用海绵锉轻轻抛磨甲面，再用粉尘刷扫除粉屑，用棉片蘸取75%酒精清洁甲面。

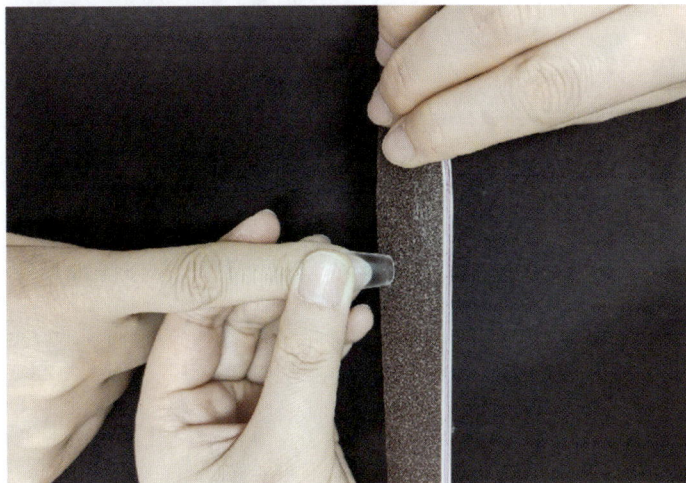

图 10-7　修形

（13）涂抹加固胶。取适量加固胶涂抹于甲面上，做出适合的弧度。用75%酒精擦去浮胶，再用海绵锉抛磨甲面，使其更加平整。用粉尘刷扫除粉屑，用棉片蘸取75%酒精清洁甲面。

（14）涂抹甲油胶。在指甲上依次涂抹底胶、甲油胶（至少2遍）、免洗封层，并依次照灯固化60秒。

（15）清洗并消毒用具。把所有使用过的金属工具放入盛有消毒液的容器内浸泡消毒。

（16）清理工作台。将工作台清理干净，将物品摆放整齐。

2．半贴甲片的操作方法

（1）同"全贴甲片的操作方法"中的"（1）"～"（8）"。

（2）选修贴片。根据顾客的指形选择合适的人造甲片。选择标准是甲片的宽度与两侧甲沟的宽度一致，甲片槽的长度以盖住1/2的甲板为宜（图10-8）。

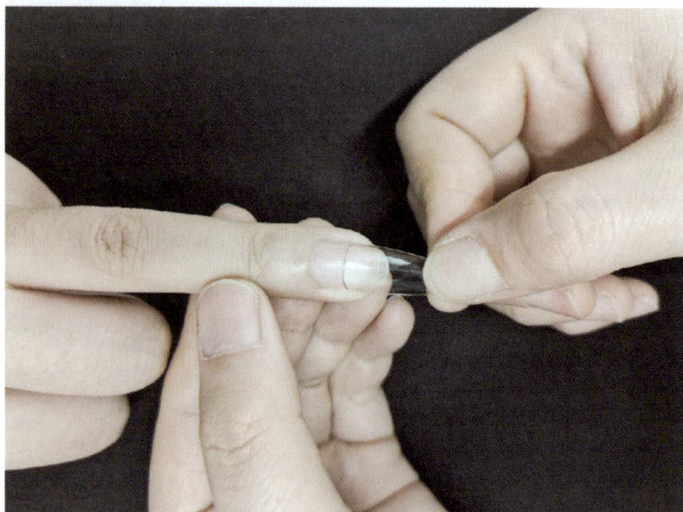

图 10-8　选修半贴甲片

（3）涂甲片胶水。在甲片背部的凹槽内涂抹甲片胶水。注意胶水要涂抹均匀，甲片的后端边缘也要涂抹胶水。

（4）贴甲片。将甲片轻轻卡在指甲前缘上，使其吻合，保证胶水槽盖住甲板的1/2，再将甲片由后向前轻轻压在本甲上，按压固定10秒。用拇指在两侧稍稍用力挤压甲片，使其更加贴合本甲。

（5）修形。根据顾客的喜好修形。先用U形剪剪去多余的人造甲片，再用锉条横向修磨甲片前缘，纵向修磨两侧，修出合适的甲形。

（6）修磨接痕。用锉条打磨甲片与本甲接合处的接痕（图 10-9）。

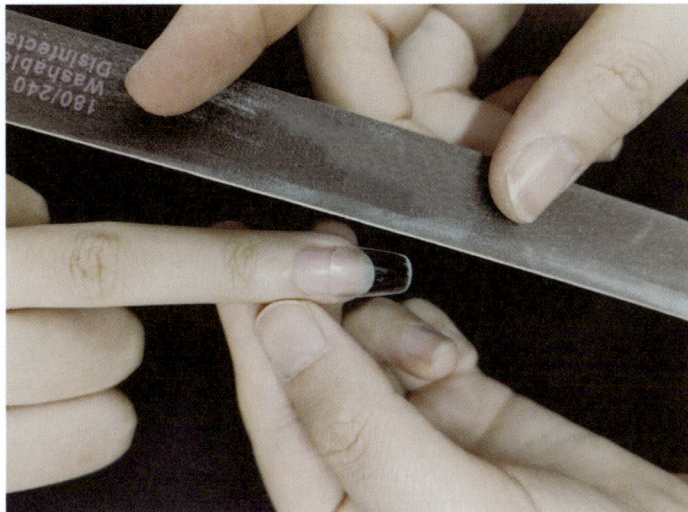

图 10-9　修磨接痕

（7）抛磨甲面。用海绵锉轻轻抛磨甲面，用粉尘刷扫除粉屑，用棉片蘸取 75% 酒精清洁甲面。

（8）涂抹加固胶。取适量加固胶涂抹于甲面上，做出适合的弧度。用 75% 酒精擦去浮胶，再用海绵锉抛磨甲面，使其更加平整。用粉尘刷扫除多余的粉屑，用棉片蘸取 75% 酒精清洁甲面。

（9）涂抹甲油胶。在指甲上依次涂抹底胶、甲油胶（至少 2 遍）、免洗封层，并依次照灯固化 60 秒。

（10）清洗并消毒用具。把所有使用过的金属工具放入盛有消毒液的容器内浸泡消毒。

（11）清理工作台。将工作台清理干净，将物品摆放整齐。

（四）注意事项

（1）在选好的甲片上涂抹甲片胶水时，一定要涂抹均匀，甲片的后缘也要涂抹甲片胶水，以防止起翘。

（2）涂抹加固胶时，要想做出适合的弧度，可以先把涂好加固胶的手指倒置 10 秒，再正面照灯固化 60 秒。此步骤可以使甲面更加饱满和牢固。

实操练习

练习上述操作，独立完成全贴甲片、半贴甲片的操作。

技能测评

测评结果	A. 优 □	B. 良 □	C. 中 □	D. 差 □
教师点评				

测评标准：教师根据贴片是否贴牢、甲面的平整度、作品的完美度、是否有包边、是否有呼吸线等情况进行评价。

（陈　菲）

实训十一　专业卸甲

（一）概述

甲油胶的主要成分为天然树脂和一些颜色材料，在紫外线的照射下会固化，形成一层类似塑料的薄膜，所以卸除甲油胶也必须通过专业产品和专业手段进行。

（二）工具和必备品

锉条、粉尘刷、镊子、死皮推、海绵锉、抛光条、锡纸、棉花、洗甲水、营养油、75%酒精、棉片等（图11-1）。

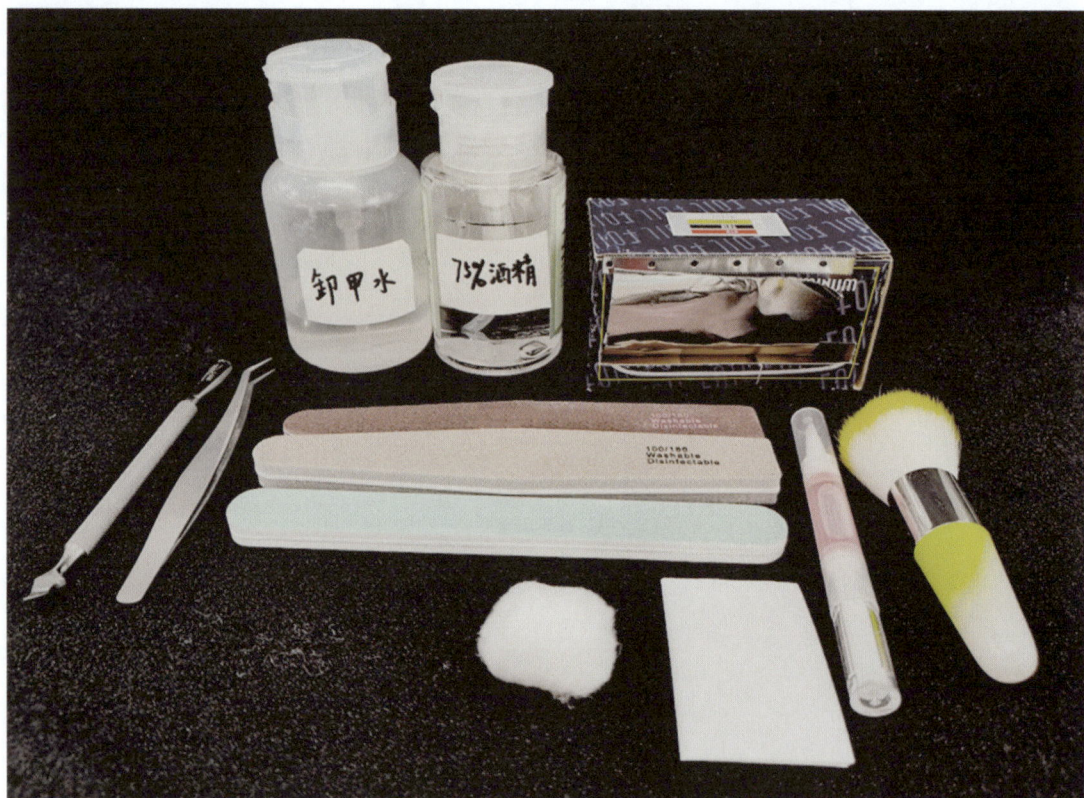

图11-1 专业卸甲的工具和必备品

（三）操作步骤

（1）打磨。用锉条的细面，按照左侧面、正面、右侧面的顺序轻轻打磨甲面（图11-2）。注意整个甲面都要修磨到位。

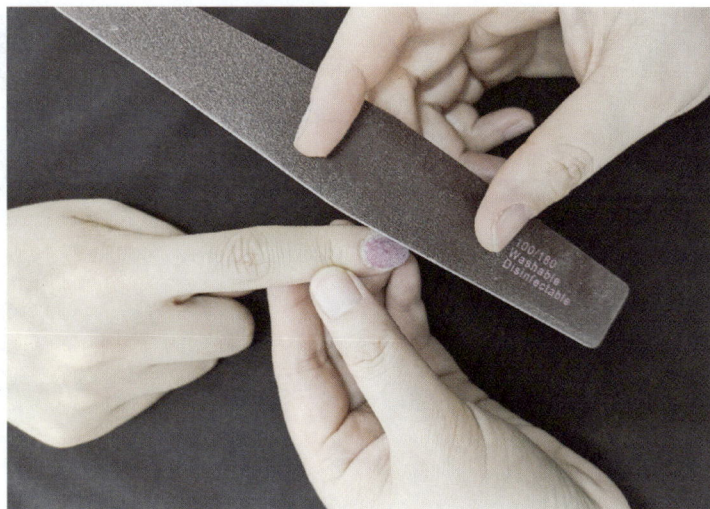

图 11-2　打磨甲面

（2）清洁。用粉尘刷清洁甲面。

（3）包裹洗甲水。裁剪出适当大小的锡纸，取足量的洗甲水浸湿棉花，用镊子将棉花完全覆盖在指甲表面，把锡纸垫在指甲下方（图 11-3）。然后用锡纸将棉花和指甲包裹在一起并密封好（图 11-4），静置 10 ~ 15 分钟。

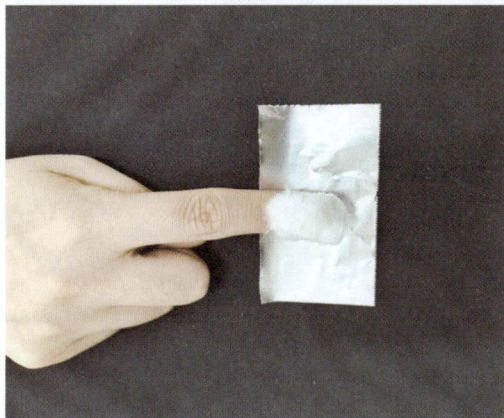

图 11-3　包裹洗甲水（1）

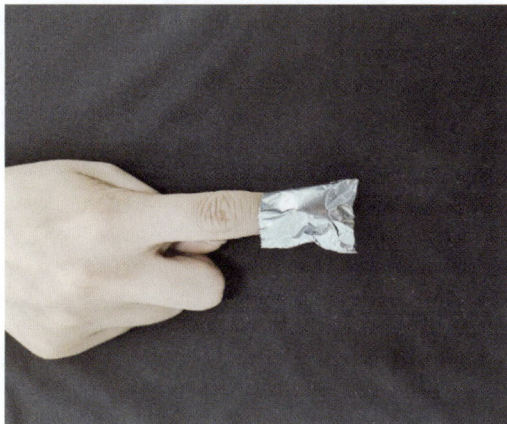

图 11-4　包裹洗甲水（2）

（4）清理残余甲油胶。包裹 10 ~ 15 分钟后，取下锡纸和棉花，用死皮推轻轻地推除已软化的甲油胶（图 11-5）。注意动作要轻柔，避免伤害甲面。用海绵锉的细面轻轻磨去残余的甲油胶并抛磨甲面（图 11-6）。用粉尘刷清扫甲面。

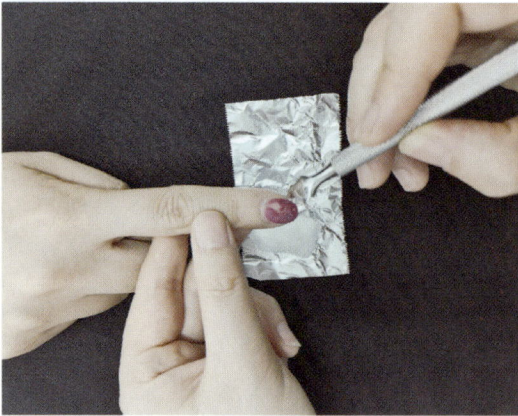

图 11-5　清理残余甲油胶（1）

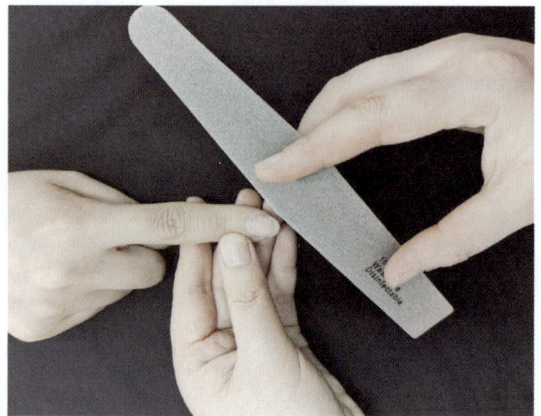

图 11-6　清理残余甲油胶（2）

（5）抛光。用抛光条为甲面抛光，先用粗面轻抛，再使用细面轻抛（图 11-7）。

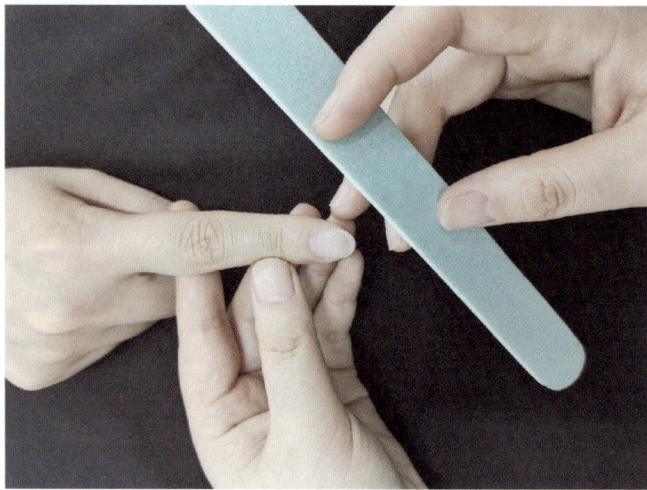

图 11-7　抛光

（6）清洁甲面。用棉片蘸取 75% 酒精清洁甲面。

（7）涂抹营养油。在甲缘上涂抹营养油（图 11-8），并按摩直至吸收（图 11-9）。

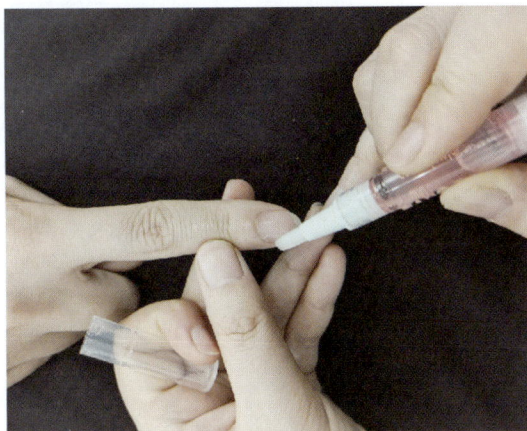

图 11-8　涂抹营养油

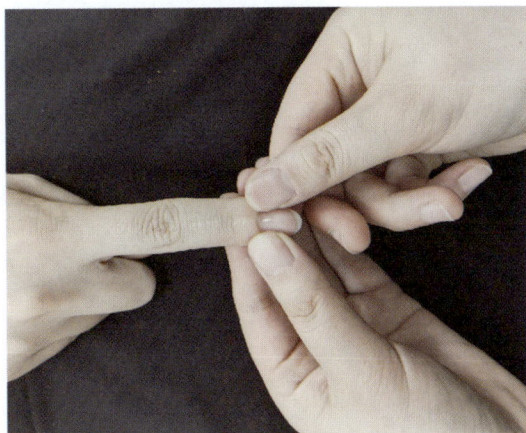

图 11-9　按摩以促进营养油的吸收

（四）注意事项

（1）现在很多美甲店都使用更加干净、卫生的卸甲包，一人一包，操作更方便。

（2）卸甲过程中动作要轻柔，避免损伤真甲。

实操练习

练习上述操作，独立完成专业卸甲的操作。

技能测评

测评结果	A. 优□　　　　B. 良□　　　　C. 中□　　　　D. 差□
教师点评	

测评标准：教师根据卸甲是否彻底、干净及动作是否轻柔等情况进行评价。

（陈　菲）

实训十二　装饰美甲——指甲贴花

（一）装饰美甲概述

装饰美甲是目前美甲师广泛使用的一种美甲技法，也是最常用的美甲技法之一。美甲师通过发挥想象力和创造力，利用各种美甲装饰材料在指甲上打造出指尖上的造型艺术，所设计的作品也因其多姿多彩、时尚精致而深受消费者的喜爱。常用的装饰美甲有指甲贴花、指甲贴钻、指甲亮片、指甲晕染等操作技法。本书将介绍指甲贴花、指甲贴钻和指甲晕染三种装饰美甲技法。

本节实训内容是指甲贴花，将使用银线装饰材料，在指甲上进行美甲造型。

（二）工具和必备品

美甲光疗灯、甲托、甲片、海绵锉、镊子、剪刀、底胶、蓝色甲油胶、银线、75%酒精清洁片、免洗封层等（图 12-1）。

图 12-1　指甲贴花的工具和必备品

（三）操作步骤

（1）涂第 1 遍蓝色甲油胶。先薄涂一层底胶，照灯固化 60 秒；再涂一层蓝色甲油胶，涂抹时注意平整度和均匀度，照灯固化 60 秒（图 12-2）。

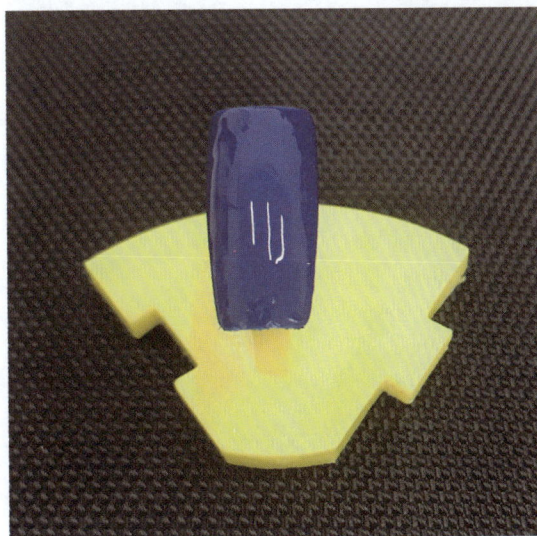

图 12-2 涂第 1 遍蓝色甲油胶

（2）涂第 2 遍蓝色甲油胶。重复上色一次，然后涂抹免洗封层，注意包边，照灯固化 60 秒（图 12-3）。

图 12-3 涂第 2 遍蓝色甲油胶

（3）打磨甲体。用海绵锉轻抛甲片表面，以增加银线的黏合度（图 12-4）。

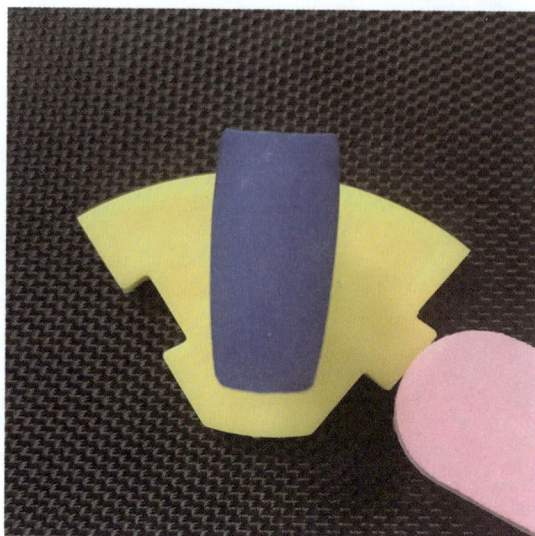

图 12-4　打磨甲体

（4）清洁甲片。用 75% 酒精清洁片清洁甲片表面，将轻抛后残留在甲片表面的甲屑清理干净（图 12-5）。

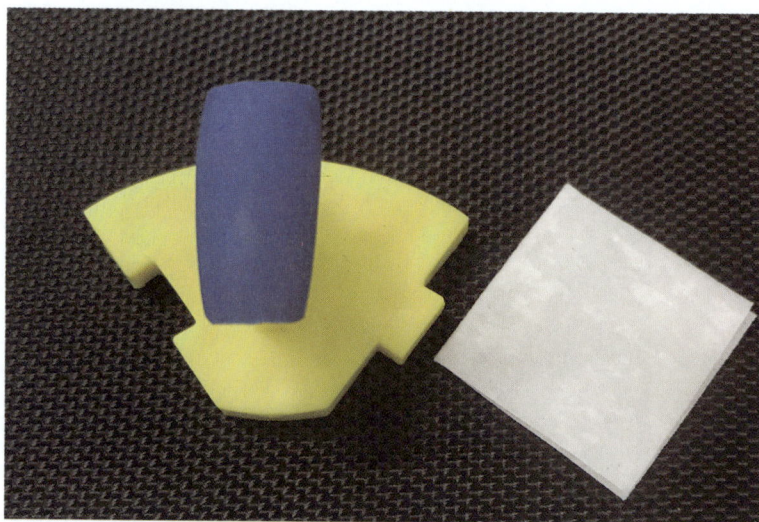

图 12-5　清洁甲片

（5）横向造型。用镊子夹住银线一端，横向粘贴于甲片表面（图 12-6）。再用镊子另一端轻轻按压银线 15 秒并排出空气，让银线与甲片贴合平整（图 12-7）。

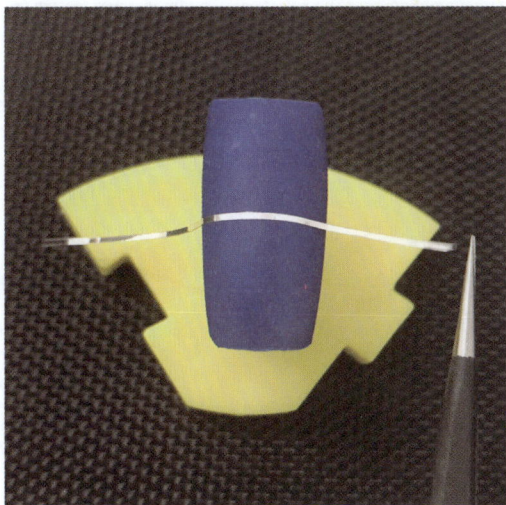

图 12-6　横向造型

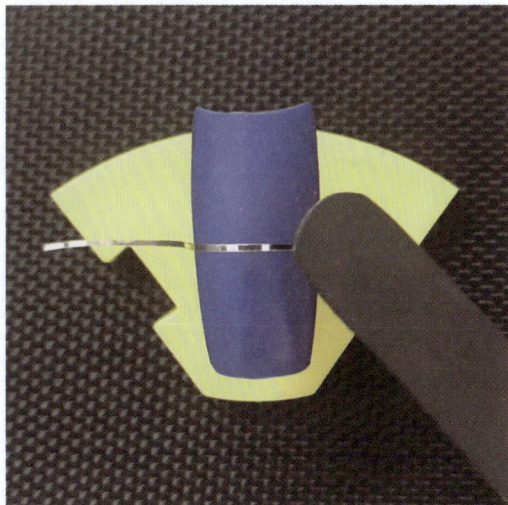

图 12-7　用镊子按压银线

（6）修剪。用剪刀剪去银线两端多余的部分，注意两端各预留 0.5 mm，防止黏合后翘起（图 12-8）。

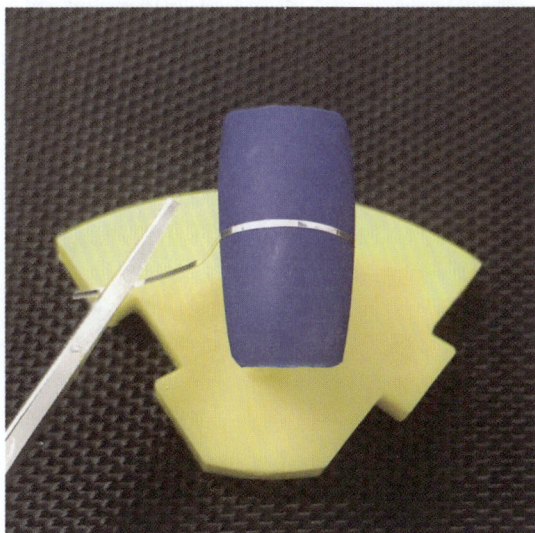

图 12-8　修剪多余的横向银线

（7）纵向造型。用镊子夹住银线一端，将其纵向粘贴于甲片表面（图 12-9）。再用镊子另一端轻轻按压银线 15 秒并排出空气，让银线与甲片贴合平整（图 12-10）。

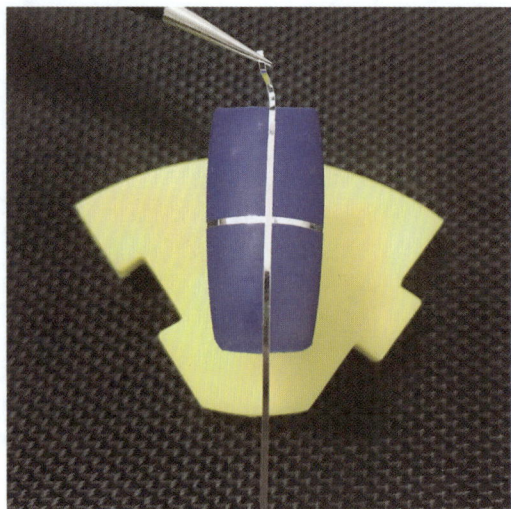

图 12-9　纵向造型

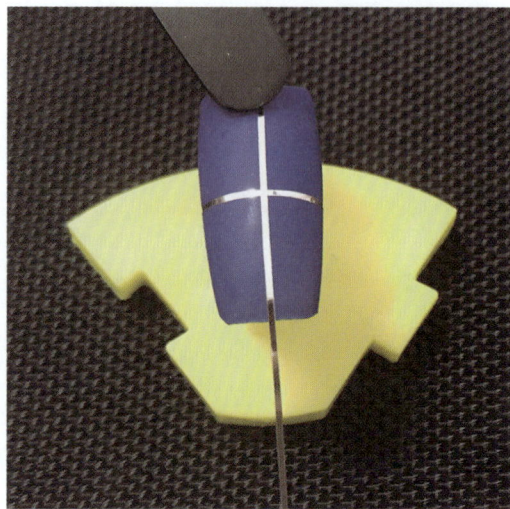

图 12-10　用镊子按压银线

（8）修剪。用剪刀剪去银线两端多余的部分，注意两端各预留 0.5 mm。防止黏合后翘起（图 12-11）。

图 12-11　修剪多余的纵向银线

（9）封层。完成造型后，薄涂免洗封层，注意包边，然后照灯固化 90 秒（图 12-12）。

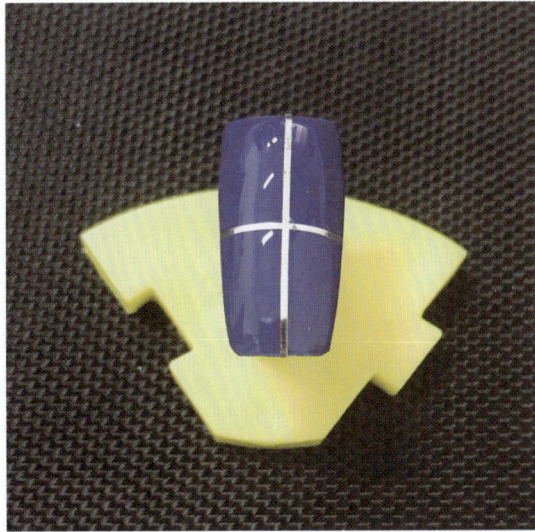

图 12-12　封层

（10）作品完成（图 12-13）。

图 12-13　指甲贴花作品

（11）清洗并消毒工具。把所有使用过的工具放入紫外线消毒盒内进行消毒。

（12）清理工作台。将工作台清理干净，将物品摆放整齐。

（四）注意事项

（1）涂抹蓝色甲油胶和免洗封层时要注意包边。

（2）粘贴银线后按压并排出空气使其平整、粘贴牢固。

（3）修剪银线时两端各预留 0.5 mm，可以防止粘贴后翘起而影响作品效果。

实操练习

练习上述操作，独立完成指甲贴花的操作。

技能测评

测评结果	A. 优 □	B. 良 □	C. 中 □	D. 差 □
教师点评				

测评标准：教师根据作品的完整度、甲面的平整度、是否有包边、金（银）线是否粘贴平整等情况进行评价。

（李潇潇）

实训十三　装饰美甲——指甲贴钻

（一）概述

本实训将使用美甲装饰钻，在指甲上进行美甲造型。常用的美甲装饰钻有平底钻和成品钻。

（二）工具和必备品

美甲光疗灯、甲托、甲片、拉线笔、点钻笔、镊子、海绵锉、底胶、亮色甲油胶、黏合胶、75%酒精清洁片、免洗封层、美甲装饰钻等（图13-1）。

图 13-1 指甲贴钻的工具和必备品

（三）操作步骤

1. 贴平底钻的操作步骤

（1）涂第1遍甲油胶。先薄涂1遍底胶，照灯固化60秒；再涂抹亮色甲油胶，注意涂抹平整、均匀，照灯固化60秒（图13-2）。

图 13-2　涂第 1 遍甲油胶

（2）涂第 2 遍甲油胶。按照第 1 遍涂甲油胶的方法重复上色，使颜色更加饱和。然后照灯固化 90 秒（图 13-3）。

图 13-3　涂第 2 遍甲油胶

（3）涂免洗封层。涂抹免洗封层，注意薄涂一层即可，照灯固化 90 秒（图 13-4）。

图 13-4 涂免洗封层

（4）打磨甲片。用海绵锉轻抛甲片表面，以增强美甲装饰钻的黏合度（图 13-5）。

图 13-5 打磨甲片

（5）清洁甲片。用 75% 酒精清洁片清洁甲片表面，将轻抛后残留在甲片表面的甲屑清理干净。

（6）点胶。用点钻笔蘸取适量的黏合胶，然后将其涂于造型设计中需要贴钻的位置（图 13-6）。

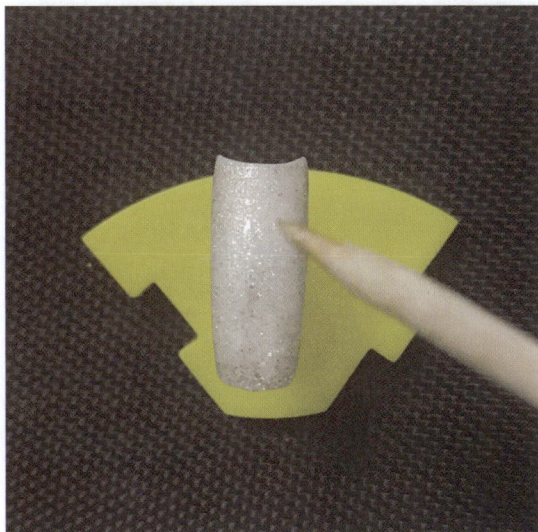

图 13-6　点胶

（7）造型。根据造型设计，用镊子将平底钻放置于甲片表面（图 13-7）。注意摆放平底钻时勿用手触碰。照灯固化 60 秒。

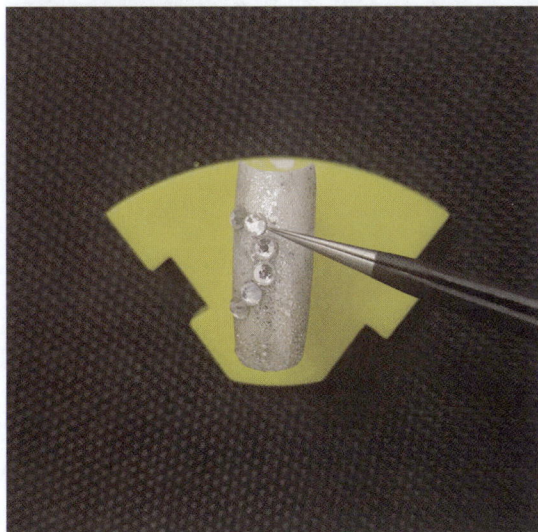

图 13-7　造型

（8）包边。用拉线笔蘸取黏合胶，点涂在美甲装饰钻周围，进行包边（图 13-8）。

注意每个美甲装饰钻周围都要进行包边，以增强其牢固性。然后照灯固化60秒。

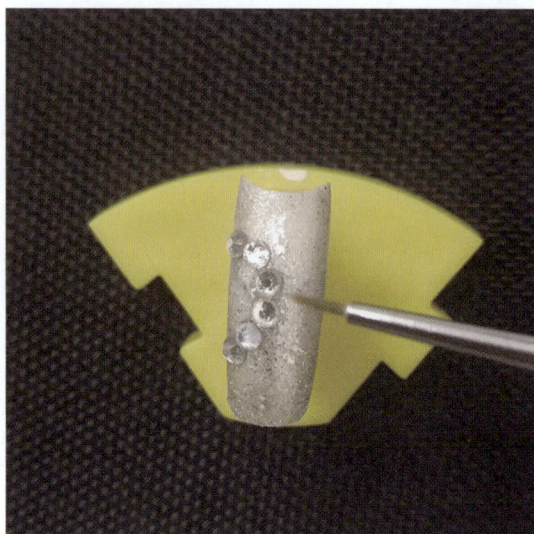

图13-8 包边

（9）涂免洗封层。完成造型后，涂免洗封层（图13-9），注意要薄涂。最后照灯固化90秒。

图13-9 涂免洗封层

（10）作品完成（图13-10）。

图 13-10　平底钻作品

（11）清洗并消毒用具。把所有使用过的工具放入紫外线消毒盒内进行消毒。

（12）清理工作台。将工作台清理干净，将物品摆放整齐。

2．贴成品钻的操作步骤

同贴平底钻的操作步骤。完成效果见图 13-11。

图 13-11　成品钻作品

（四）注意事项

（1）涂抹甲油胶和免洗封层时要注意包边。

（2）粘贴美甲装饰钻后请勿用手触碰。

（3）粘贴美甲装饰钻后，一定要对每颗美甲装饰钻周围进行包边，以增强美甲装饰钻的牢固性。

（4）涂黏合胶时，用量不易过多，以免影响美甲装饰钻的亮度。

实操练习

练习上述操作，独立完成指甲贴钻的操作。

技能测评

测评结果	A. 优 □	B. 良 □	C. 中 □	D. 差 □
教师点评				

测评标准：教师根据作品中甲面的平整度、作品的完美度、美甲装饰钻是否有包边、是否涂免洗封层等情况进行评价。

（李潇潇）

实训十四　装饰美甲——指甲晕染

（一）概述

本实训将介绍如何使用晕染的美甲技法，在指甲上进行美甲造型。

（二）工具和必备品

美甲光疗灯、甲托、甲片、镊子、光疗笔、晕染笔、小笔、底胶、白色甲油胶、红色甲油胶、亮片甲油胶、黏合胶、免洗封层、美甲装饰珍珠等（图14-1）。

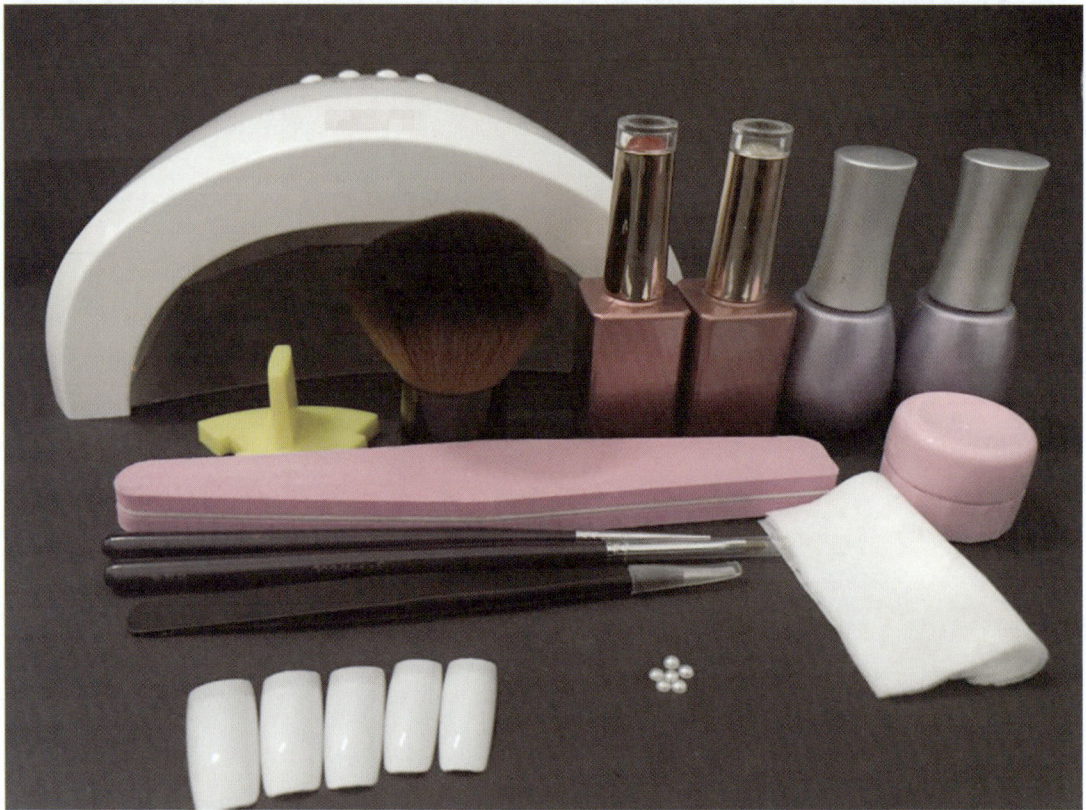

图 14-1　指甲晕染的工具和必备品

（三）操作步骤

（1）涂美甲胶。先薄涂一层底胶，照灯固化60秒；再涂抹白色甲油胶打底（图14-2），涂抹要平整、均匀，然后照灯固化60秒。

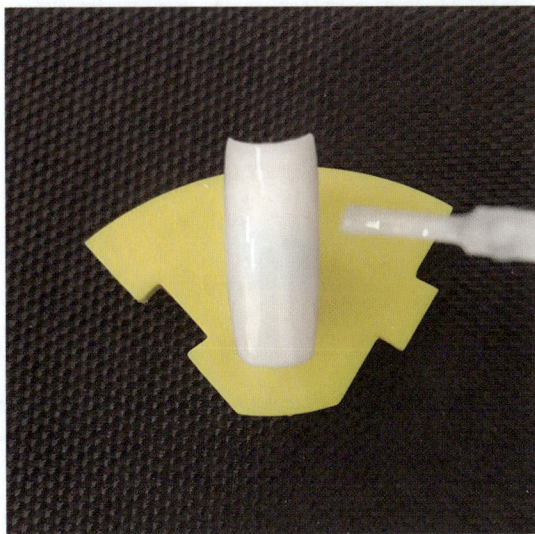

图 14-2　涂美甲胶

（2）第 1 次晕染。先用光疗笔蘸取红色甲油胶，涂抹在指甲中间的位置；再用晕染笔将红色甲油胶向甲片前端和后端逐渐晕染开；最后用小笔在甲油胶边缘处多次晕染，将边缘弱化（图 14-3）。照灯固化 60 秒。

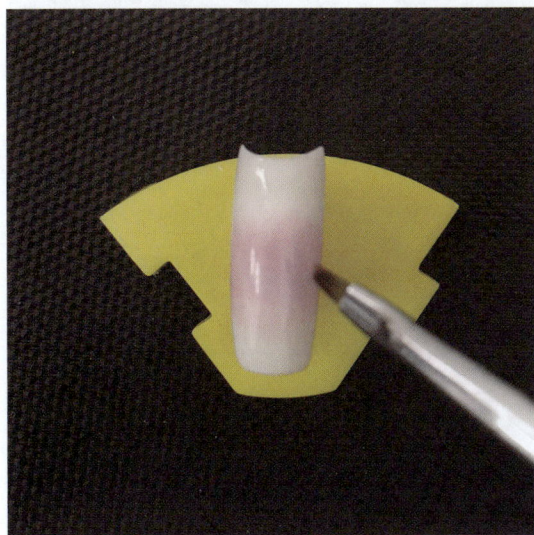

图 14-3　第 1 次晕染

（3）第 2 次晕染。按照第 1 次晕染的方法再晕染一次，使颜色更加饱和（图 14-4）。照灯固化 60 秒。

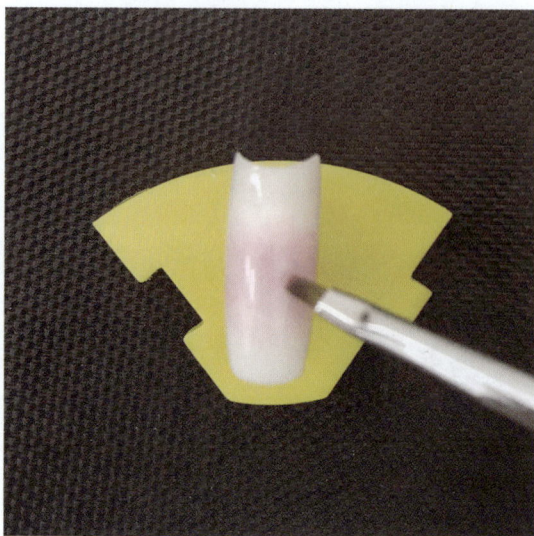

图 14-4　第 2 次晕染

（4）造型。用亮片甲油胶在指甲前端和后端进行装饰（图 14-5），注意要薄涂，然后照灯固化 60 秒。

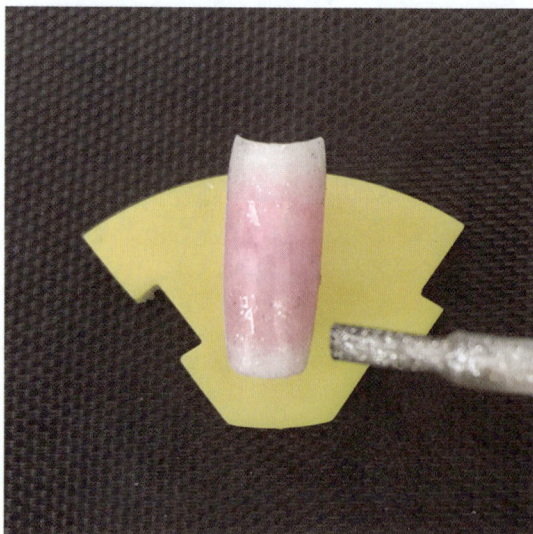

图 14-5　造型（1）

用点钻笔蘸取黏合胶，涂抹于甲片表面。用镊子将美甲装饰珍珠放置于造型设计处（图 14-6）。然后再用拉线笔蘸取黏合胶，点涂在美甲装饰珍珠的周围，进行包边。照灯固化 60 秒。

图 14-6 造型（2）

（5）封层。完成造型后，涂抹免洗封层，照灯固化 90 秒。

（6）作品完成（图 14-7）。

图 14-7 指甲晕染作品

（7）清洗并消毒用具。把所有使用过的工具放入紫外线消毒盒内进行消毒。

（8）清理工作台。将工作台清理干净，将物品摆放整齐。

（四）注意事项

（1）涂抹甲油胶和免洗封层时要注意包边。

（2）晕染过程中要多次清洗晕染笔，以保证晕染效果。

（3）用小笔晕染边缘时要画"Z"字，从而将边缘弱化。

实操练习

练习上述操作，独立完成指甲晕染的操作。

技能测评

测评结果	A. 优 □	B. 良 □	C. 中 □	D. 差 □
教师点评				

测评标准：教师根据作品颜色晕染的情况、甲面的平整度、作品的完美度、是否有包边等进行评价。

（李潇潇）

实训十五　法式水晶甲的制作

（一）概述

制作材料的不断丰富拓宽了美甲师的创作空间，多种形式的美甲技法也创造出更动人的美甲款式，进一步满足了不同顾客的需求。法式水晶甲是水晶甲的一种，指甲前部有白色或淡粉色的延长部分，在自然甲的前缘用单色指甲油清晰、准确地描画出一条具有完美弧度的边线，并且双手边线的宽度和弧度要求在视觉上保持一致性。法式水晶甲可以从视觉上改变手指的形状，给人以修长感，从而弥补手形不美的遗憾。法式水晶甲颜色晶莹剔透、粉白自然，可以和各种颜色的服装相搭配，从而衬托出女性的高雅气质，体现与众不同的个性，使女性在举手投足间尽显迷人风采。

（二）工具和必备品

消毒液、洗甲水、软化剂、营养油、亮油、甲片胶水、抛光条、锉条、橘木棒、指甲剪、推皮砂棒、死皮剪、U 形剪、粉尘刷、甲片、75% 酒精等（图 15-1）。

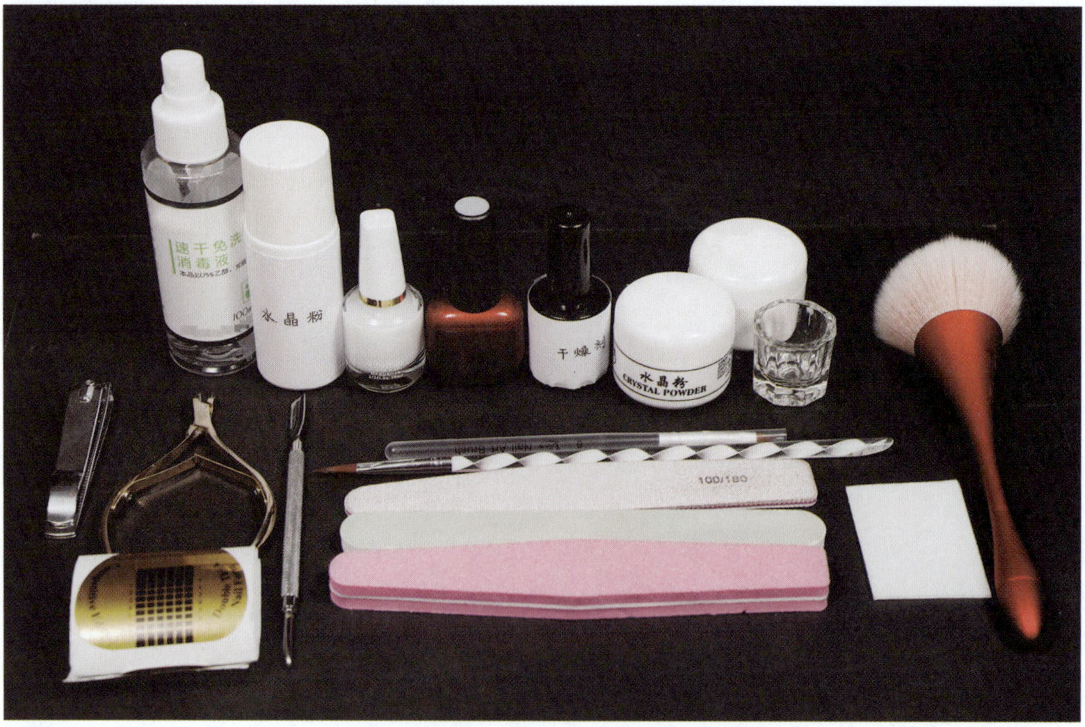

图 15-1　制作法式水晶甲的工具和必备品

（三）操作步骤

（1）消毒。用消毒液分别消毒自己的双手和顾客的双手（图 15-2 ~ 15-4）。

图 15-2　消毒

图 15-3　美甲师消毒自己的手

图 15-4　消毒顾客的手

（2）去除甲油胶或清洁指甲。用洗甲水或 75% 酒精去除指甲上的残余甲油胶和污垢（图 15-5）。

图 15-5　去除甲油胶，清洁

（3）修整前缘，除尘。用 180 号锉条将指甲前缘修磨成与甲片槽相同的弧形（图 15-6）。注意从指甲两边向中间修磨，不要来回修磨。用粉尘刷除去粉屑。

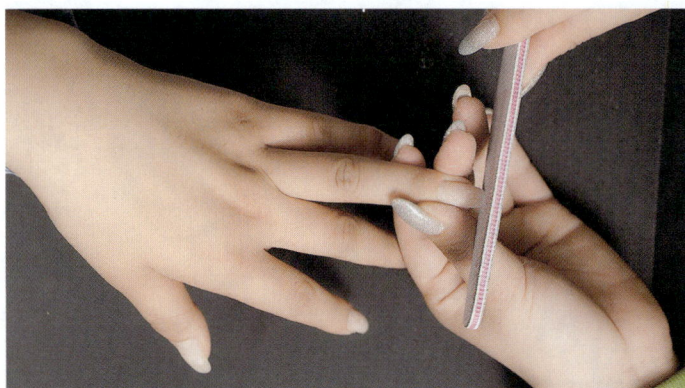

图 15-6　修整指甲前缘

（4）清洁指芯。用橘木棒制成的棉签蘸取 75% 酒精，从左手小指开始依次清洁指芯。注意不要刺伤指芯。

（5）涂软化剂。将软化剂涂在指甲周围的指皮上。注意不要涂在指甲上，以免指甲软化。

（6）推指皮。用推皮砂棒将指甲周围老化的指皮向后缘推动，以使指甲显得修长（注意用酒精棉签清洁推皮砂棒的前端）。

（7）剪指皮。用死皮剪修剪死皮和肉刺，使用时注意不要拉扯，应剪断，以免损伤指皮。

（8）刻磨。用 180 号锉条在指甲表面轻轻地刻磨出细小的划痕，以增大黏合接触面积（图 15-7）。

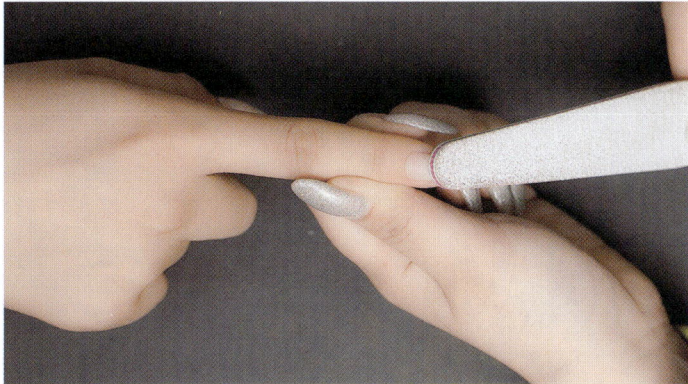

图 15-7　刻磨

（9）除尘。用粉尘刷清除指甲表面和甲沟内的粉屑（图 15-8）。

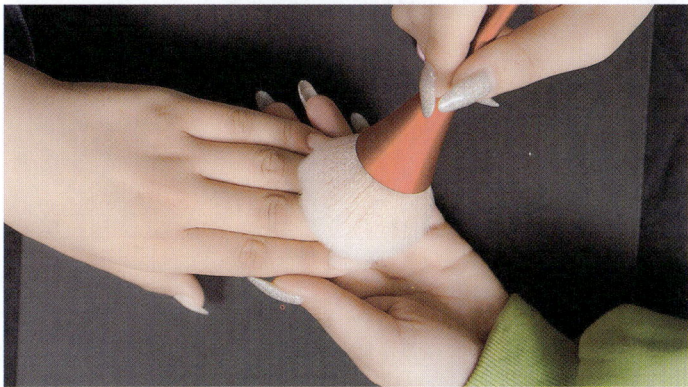

图 15-8　除尘

（10）消毒并涂抹美甲平衡液（即干燥剂）。用 75% 酒精清洁指甲后，涂抹第 1 遍美甲平衡液（图 15-9），待其完全干燥。

图 15-9　涂抹美甲平衡液

（11）放置纸托。注意纸托的中心线要与手指中心线对齐，校正好形状（图 15-10）。

图 15-10　放置纸托

（12）准备用品。在甲液杯中倒入适量水晶液，准备好水晶粉、水晶笔和用于擦笔的纸巾。

（13）涂抹第 2 遍美甲平衡液。在指甲表面涂抹第 2 遍美甲平衡液（图 15-11），趁其湿润时，进行下一步。

图 15-11　涂抹第 2 遍美甲平衡液

（14）放置甲酯。用水晶笔蘸取适量水晶液及白色水晶粉，二者可凝聚成球状的水晶甲酯，将水晶甲酯放置在纸托的指甲前缘部分（图 15-12）。

图 15-12　放置甲酯

（15）造型。调整法式微笑线的弧度（纸托与指甲间不能有缝隙），将白色水晶粉形成的水晶甲酯放置在甲面前端，轻拍，做出法式部分（图 15-13）。

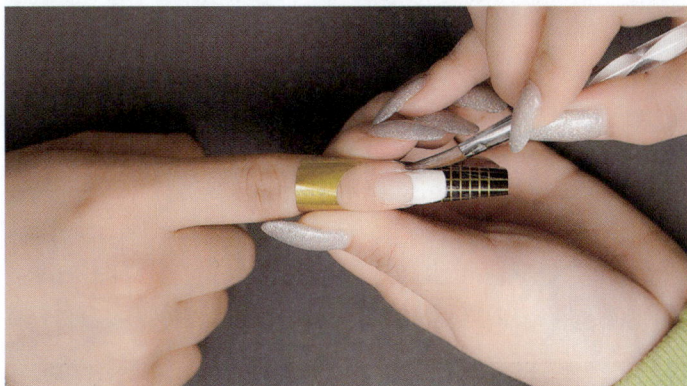

图 15-13　造型

（16）调整微笑线。用笔调整法式微笑线左、右两端的高度（图 15-14），注意微笑线要圆润、自然。然后调整两侧与前端的甲形，保持两侧平行，前端呈一水平线。

图 15-14   调整微笑线

（17）放置水晶甲酯，造型。用蘸满水晶液的水晶笔蘸取适量透明色水晶粉，形成水晶甲酯。用水晶笔向指甲前缘轻拍出甲形，使甲面尽量光滑、平整，将水晶甲酯放置在结合处（图 15-15）并制作出弧度。

图 15-15   放置甲酯

（18）再次放置甲酯。再取少量水晶甲酯，将其放置在甲面距后缘 1 mm 处，用笔向前缘方向轻拍，使甲面尽量光滑、平整，并制作出自然弧度（图 15-16）。

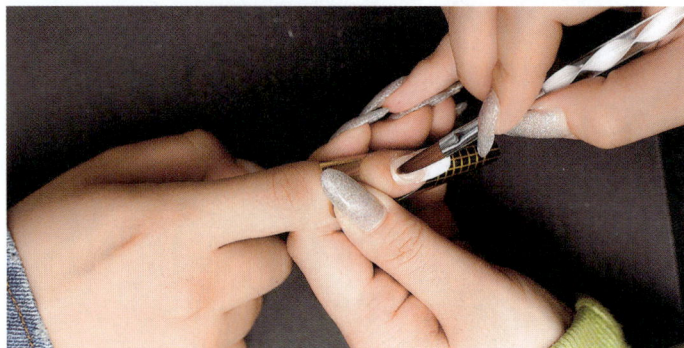

图 15-16   在甲面接近后缘处放置甲酯

（19）取下纸托。待法式水晶甲半干后，取下纸托（图 15-17）。

图 15-17　取下纸托

（20）塑造 C 弧拱度。趁水晶甲酯未定型时，将双手拇指放置在顾客指甲前缘的两侧并轻轻向中间挤压，塑造出拱度（图 15-18）。

图 15-18　塑造 C 弧拱度

（21）用塑形棒再次定型（图 15-19）。

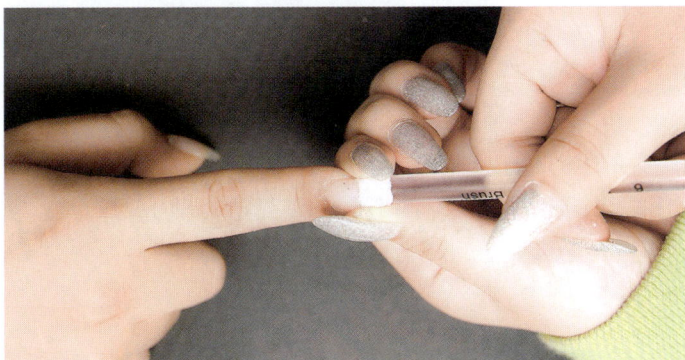

图 15-19　定型

（22）修磨甲形。用锉条修磨甲形，注意用力均匀地向中间挤压，使指甲形成自然拱度。两侧应修磨至对称。

（23）修磨指甲前缘。将水晶甲侧面修磨至与本甲同宽（图 15-20）。

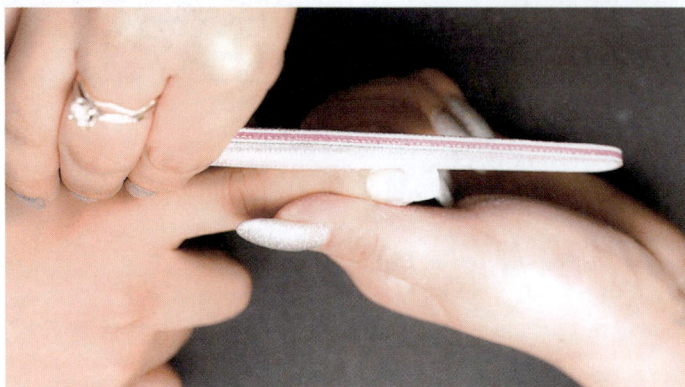

图 15-20　修磨指甲前缘

（24）修磨甲面。用锉条修磨甲面，使甲面平整并达到适宜的弧度、厚度（图 15-21）。

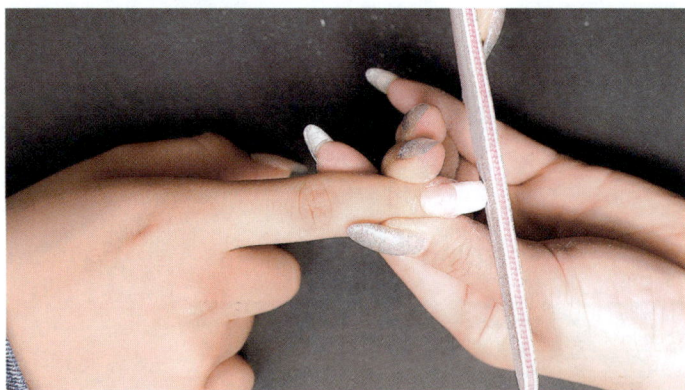

图 15-21　修磨甲面

（25）磨刻。用海绵锉打磨甲面，使甲面平整光滑（图 15-22）。

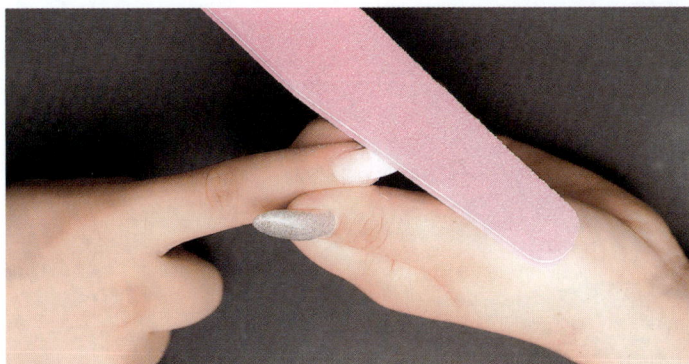

图 15-22 磨刻

（26）抛光或涂免洗封层。用抛光条为甲面抛光（图 15-23），也可以直接涂免洗封层并照灯固化。

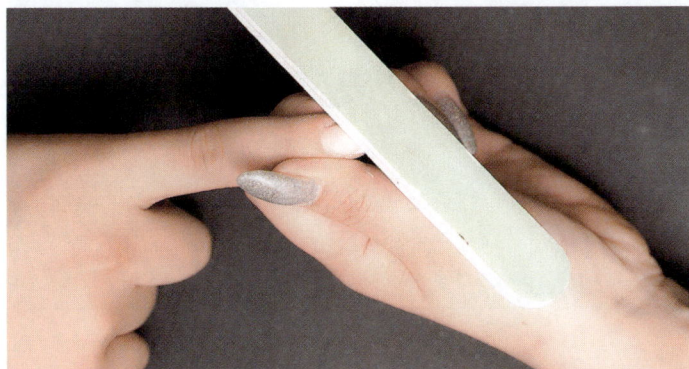

图 15-23 抛光

（27）作品完成（图 15-24）。两侧甲缘平行。甲面弧度平滑、饱满（图 15-25）。指尖弧度饱满，两侧对称，甲面厚度适中（图 15-26）。

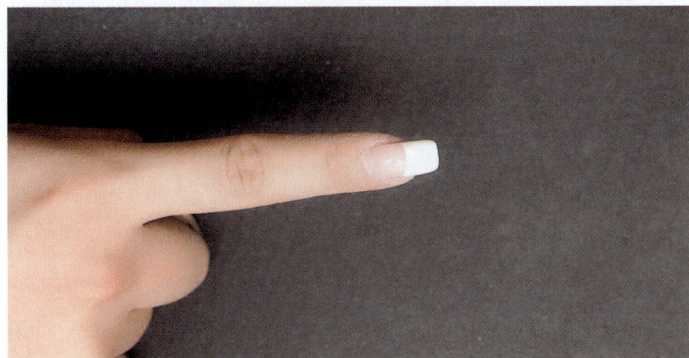

图 15-24 完成效果（上面）

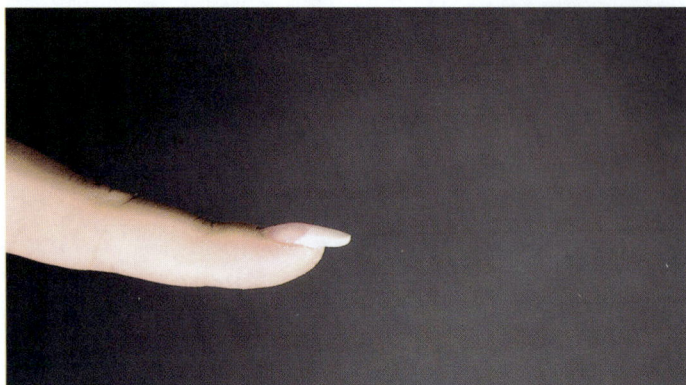
图 15-25　完成效果（侧面）

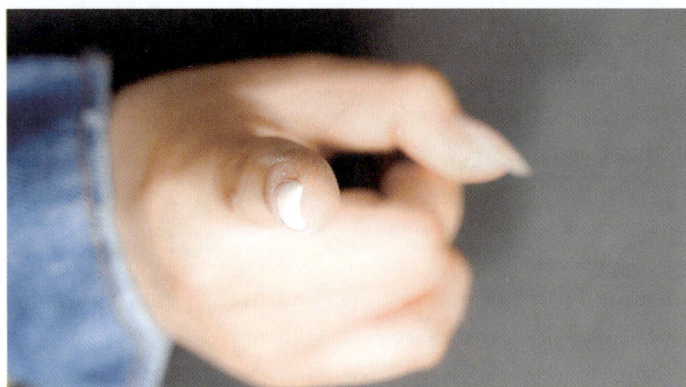
图 15-26　完成效果（顶面）

（28）涂营养油并抛光。在指甲后缘处的皮肤上涂抹营养油，轻轻按摩手指。用抛光条由粗面到细面对指甲表面依次进行抛光。

（29）清理指甲周围。用棉球或棉片蘸取酒精，清洁指甲表面和周围皮肤上的浮油。用橘木棒和棉球制作棉签并蘸取酒精，清理甲沟、甲襞和指甲前缘下方的残留油渍。

（30）清洗并消毒用具。把所有使用过的金属工具放入盛有消毒液的容器内，浸泡消毒。

（31）清理工作台。将工作台清理干净，将物品摆放整齐。用洗笔水清洗水晶笔，并用一次性纸巾擦拭干净。

（四）注意事项

（1）修整指甲前缘时注意从两边向中间修磨，不要来回修磨。

（2）清洁指芯时注意不要刺伤指芯。

（3）涂软化剂时注意不要涂在指甲上，以免指甲软化。

（4）推指皮前注意用酒精棉签清洁推皮砂棒前端。

（5）剪指皮时注意不要拉扯，应剪断，以免损伤指皮。

（6）步骤（10）~（29）应在一个指甲上完成后再在下一个指甲上进行。

实操练习

练习上述操作，独立完成法式水晶甲的操作。

技能测评

测评结果	A. 优□	B. 良□	C. 中□	D. 差□
教师点评				

测评标准：教师根据甲形的修整情况、甲面的平整度、作品的完美度、是否有包边、是否有呼吸线等进行评价。

（张秋哲）

实训十六　渐变美甲的制作

（一）概述

渐变美甲是彩绘美甲中的一种，且一直是美甲中的经典，也是很多顾客所选择的入门款美甲。作为最百搭、最低调的款式，渐变美甲虽出现多年，但依然很流行。渐变美甲可以分为单色渐变美甲（图 16-1）、双色渐变美甲（图 16-2）、三色渐变美甲和多色渐变美甲（图 16-3）。实际操作中，因顾客自身甲床大小有所不同，一般多选择双色或三色渐变美甲。本实训以较为简单的双色渐变美甲的绘制作为示范案例。其余的渐变美甲可以以此为基础类比制作。渐变美甲色彩多变，自然俏皮，可以和各种颜色的服装相搭配，体现出不同的个性。

图 16-1　单色渐变美甲

图 16-2　双色渐变美甲

图 16-3　多色渐变美甲

（二）工具和必备品

底胶、蓝色甲油胶、绿色甲油胶、光疗笔、免洗封层等（图 16-4）。因本案例主要介绍甲片绘制方法，故消毒液、洗甲水、软化剂、营养油、亮油、推皮砂棒等物品的使用未予展示（具体使用方法参见实训十五）。

图 16-4　制作渐变美甲的工具和必备品

（三）操作步骤

（1）消毒。用消毒液消毒自己的双手和顾客的双手。

（2）去除甲油胶或清洁甲片。用洗甲水或75%酒精去除甲片上的浮尘及污垢（图16-5）。

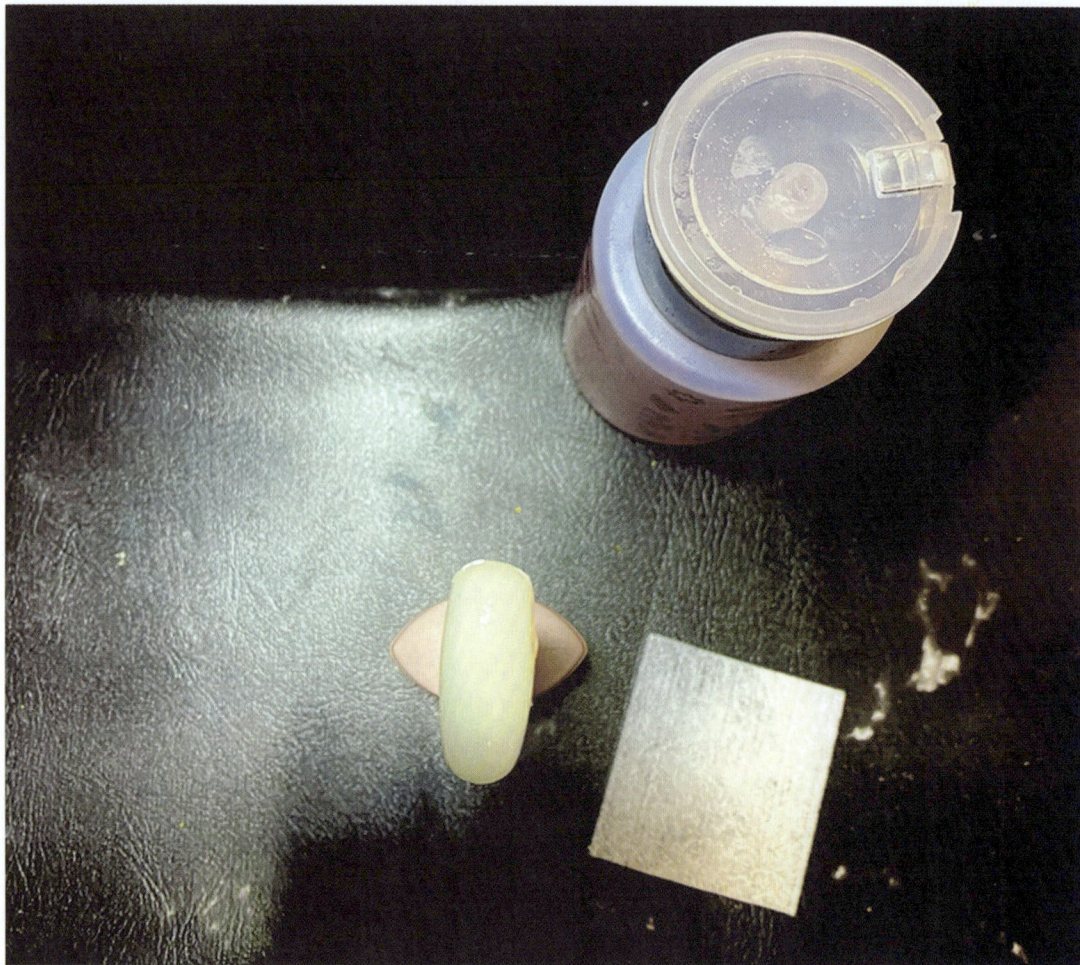

图 16-5　清洁甲片

（3）修整甲片前缘，除尘。用180号锉条将甲片前缘修磨成方圆形。注意从两边向中间修磨，不要来回修磨（图16-6）。用粉尘刷扫去碎屑（图16-7）。

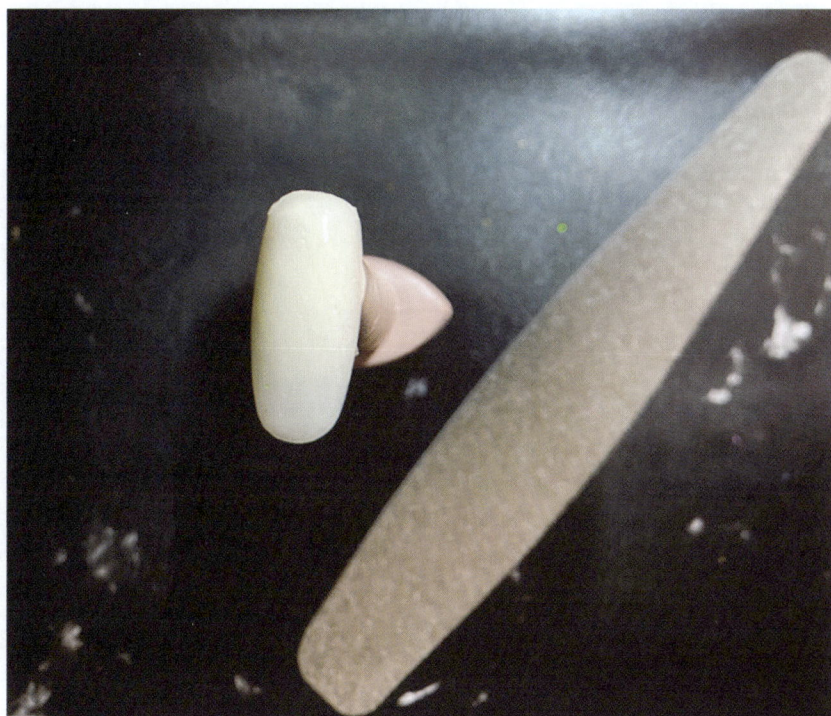

图 16-6　修整甲片

（4）刻磨。用 180 号锉条在甲片表面轻轻地刻磨出细小的划痕（图 16-6），以增大甲油胶的黏附性。

（5）除尘。用粉尘刷清除干净甲片表面的碎屑（图 16-7）。

图 16-7　除尘

（6）涂底胶。用 75% 酒精清洁后，涂抹底胶（图 16-8），照灯 30 秒（图 16-9）。

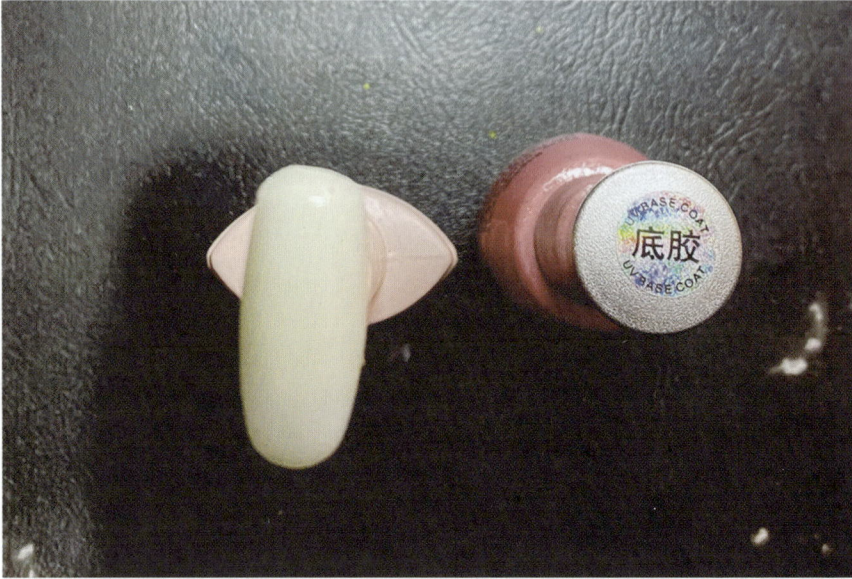

图 16-8　涂底胶

图 16-9　照灯

（7）涂绿色甲油胶。将甲片纵向划分为两等份，将其中一半涂上绿色甲油胶（最好将绿色甲油胶的边缘线与甲片中心线对齐，略有偏差也无妨，后期可以修正）。此步骤不需要照灯（图 16-10）。

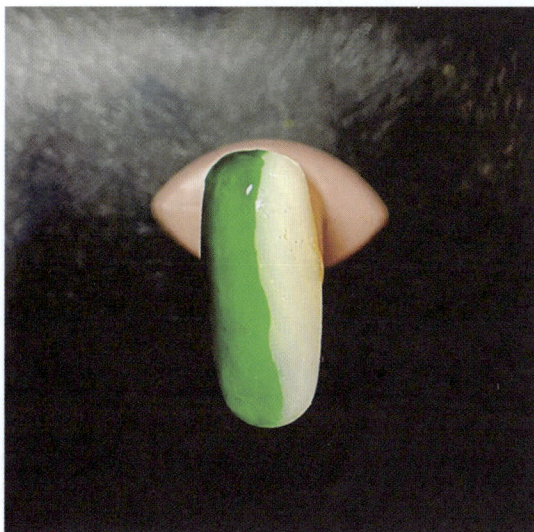

图 16-10　涂绿色甲油胶

（8）涂蓝色甲油胶。将刚才未涂甲油胶的一侧甲片涂上蓝色甲油胶（图 16-11），交界处可暂时不处理，此处暂时不需要照灯。

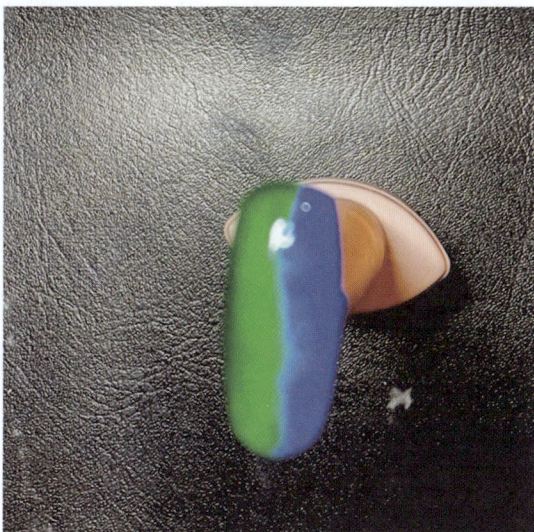

图 16-11　涂蓝色甲油胶

（9）在交界处进行"Z"字形涂抹。取光疗笔，在色块的交界处以"Z"字形涂抹（图 16-12）。

图 16-12 "Z"字形涂抹

（10）晕色。清洗笔头，用笔头在交界处将两种颜色自然地晕开，然后照灯固化 30 秒（图 16-13）。

图 16-13 晕色

（11）重复上色。再次在甲片绿色的一侧涂上绿色甲油胶（图 16-14），以增加颜色饱和度。

图 16-14　重复上色

（12）第 2 次晕色。清洗笔头，将绿色部分从左向右自然地晕开（图 16-15），照灯固化 30 秒。

图 16-15　第 2 次晕色

（13）重复上色。再次在甲片蓝色的一侧涂上蓝色甲油胶（图 16-16），以增加颜色饱和度。

图 16-16　重复上色

（14）第 3 次晕色。清洗笔头，用笔头将蓝色部分从右向左自然地晕开（图 16-17），然后照灯固化 30 秒。

图 16-17　第 3 次晕色

（15）涂免洗封层并照灯固化。涂抹免洗封层，然后照灯固化90秒（图16-18），完成。

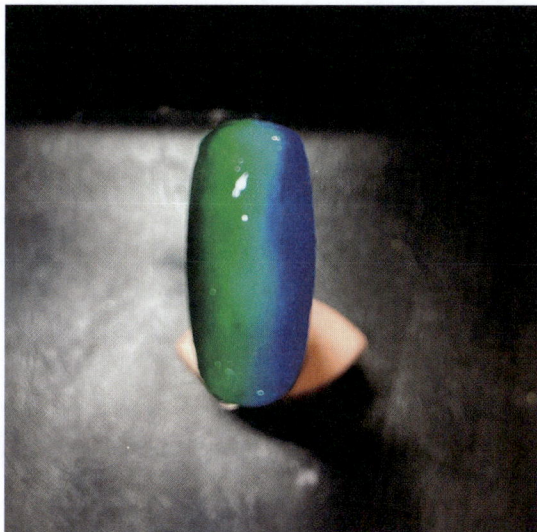

图 16-18　照灯固化

（16）清洗并消毒用具。把所有使用过的金属工具放入盛有消毒液的容器内，浸泡消毒。

（17）清理工作台。将工作台清理干净，将物品摆放整齐。用洗笔水清洗光疗笔，并用一次性纸巾擦拭干净。

（四）注意事项

如果是在真人甲上操作，需注意以下几点。

（1）修整除尘时应注意从两边向中间修磨，不要来回修磨。

（2）清洁指芯时注意不要刺伤指芯。

（3）涂软化剂时注意不要涂在指甲上，以免指甲软化。

（4）推指皮前注意用酒精棉签清洁推皮砂棒前端。

（5）剪指皮时注意不要拉扯，应剪断，以免损伤指皮。

实操练习

练习上述操作，独立完成渐变美甲的操作。

技能测评

测评结果	A. 优 □	B. 良 □	C. 中 □	D. 差 □
教师点评				

测评标准：教师根据甲形的修整情况、甲面的平整度、作品的完美度、是否有包边、是否有呼吸线等进行评价。

（许珊珊）

实训十七　猫眼甲的制作

（一）概述

　　猫眼甲顾名思义就是做出的美甲效果像猫眼一样聚光、有光泽度，不同角度下能变换出不同光影，像宝石一样吸引人。猫眼胶中有一些金属粉末成分（如铁粉），涂抹后在其还未干燥时，用猫眼磁铁将猫眼胶里的金属粉末吸聚在一起，即可形成猫眼效果。猫眼磁铁的角度决定猫眼甲的光泽角度。

　　猫眼甲是近年较为流行的美甲款式，因其颜色饱和度高，易于衬托出手部皮肤的白皙，也是很多顾客的中意之选。猫眼甲根据其色彩的不同可以分为适合秋冬季节的暖色系猫眼甲（图 17-1）和冷色系猫眼甲（图 17-2），以及适合春夏季节的裸色系猫眼甲（图 17-3）。随着猫眼甲的流行及工艺和绘制方式的改进，市场上又出现了 S 猫眼甲、5D 猫眼甲、流沙猫眼甲等。在实际操作中，因季节不同、喜好不同、价格不同等，顾客一般常选择单色猫眼甲。本实训以较为传统的单色猫眼甲的绘制作为示范案例。其余的猫眼甲可以以此为基础，类比制作。猫眼甲色彩多变且饱和度高，具有自然灵动的表现效果，可以和各种颜色的服装相搭配。

图 17-1　暖色系猫眼甲

图 17-2　冷色系猫眼甲

图 17-3　裸色系猫眼甲

（二）工具和必备品

底胶、酒红色猫眼胶、猫眼磁铁、光疗笔、免洗封层等（图17-4）。因本案例主要介绍甲片的绘制方法，故消毒液、洗甲水、软化剂、营养油、亮油、推皮砂棒等物品的使用未予展示（具体使用方法参见实训十五）。

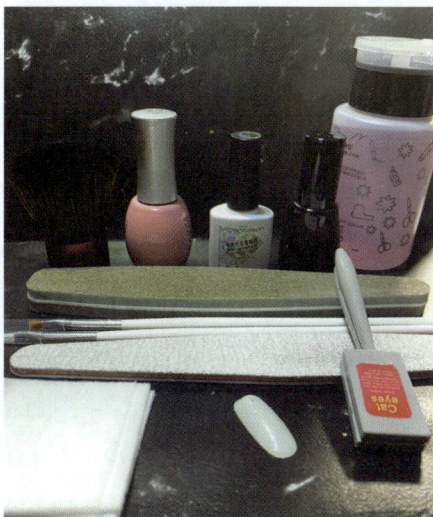

图 17-4　制作猫眼甲的工具和必备品

（三）操作步骤

（1）消毒。用消毒液消毒自己的双手和顾客的双手。

（2）去除甲油胶或清洁甲片。用洗甲水或酒精去除甲片上的浮尘及污垢（图17-5）。

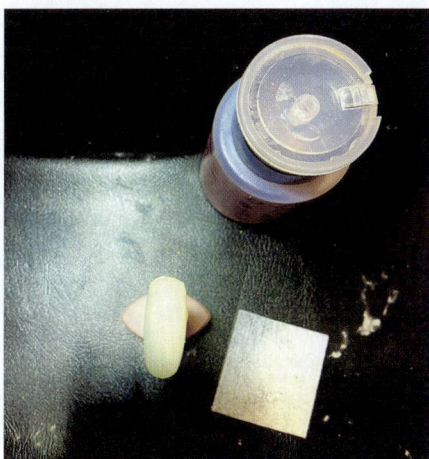

图 17-5　清洁甲片

（3）修整甲片前缘，除尘。用180号锉条将甲片前缘修磨成方圆形（图17-6）。注意从两边向中间修磨，不要来回修磨。用粉尘刷扫除碎屑（图17-7）。

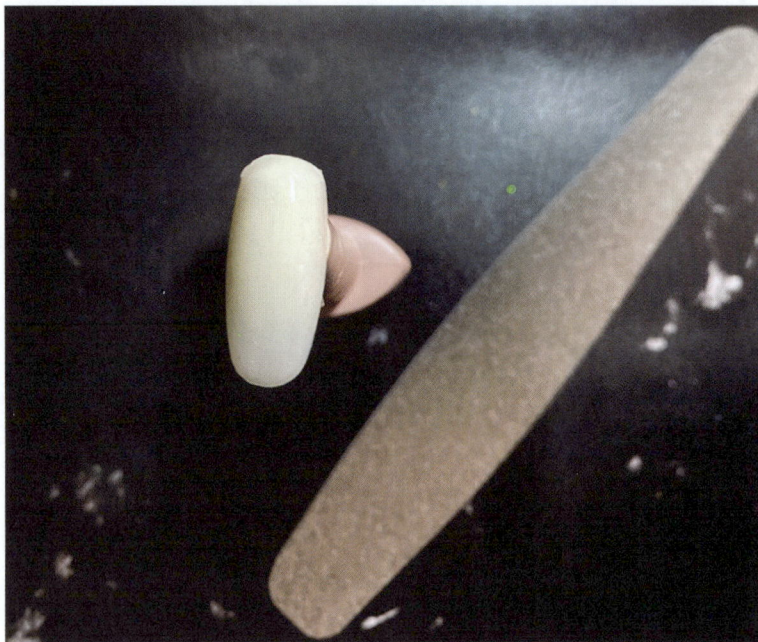

图 17-6　修整甲片

图 17-7　除尘

（4）刻磨。用180号锉条在甲片表面轻轻地刻磨出细小的划痕，以增大甲油胶的黏附性。

（5）除尘。用粉尘刷清除甲片表面的粉屑（图17-7）。

（6）涂底胶。用75%酒精清洁后，涂抹底胶（图17-8），照灯30秒（图17-9）。

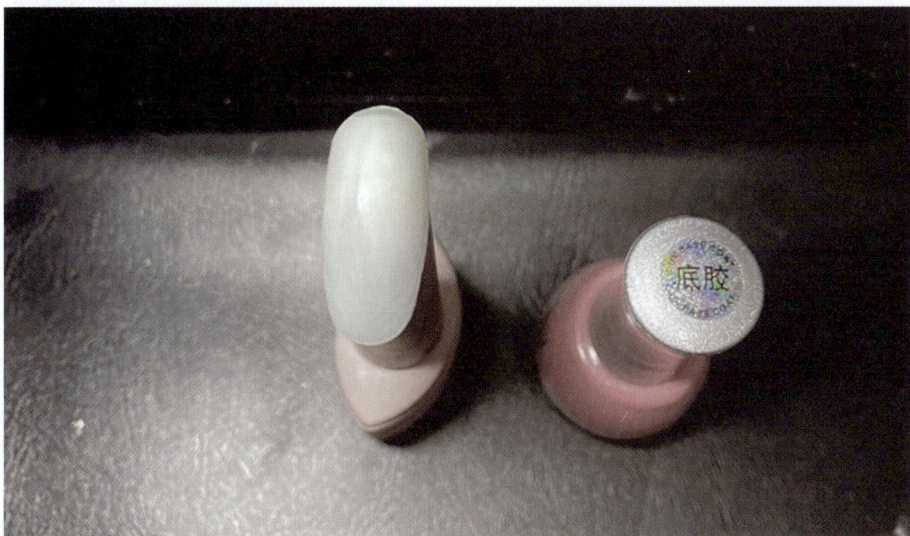

图17-8　涂底胶

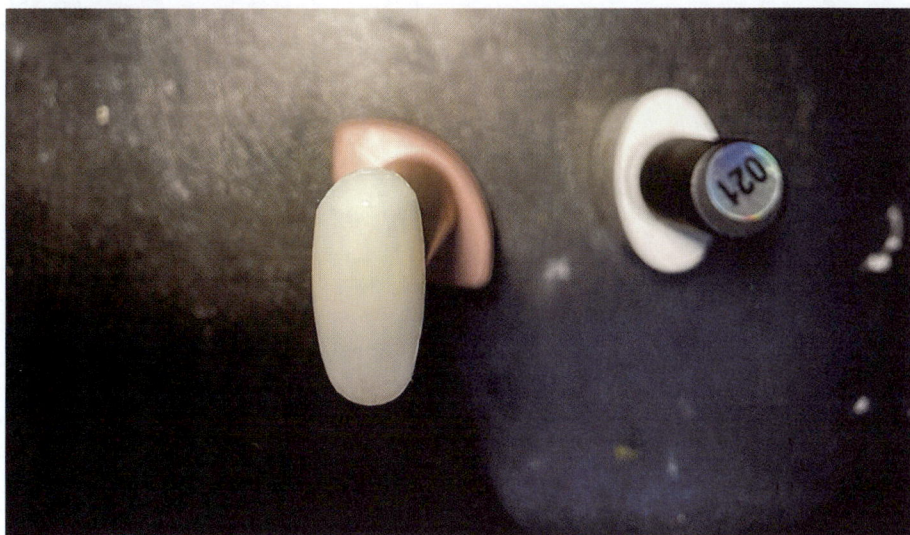

图17-9　照灯

（7）涂猫眼胶。将甲片均匀地涂满猫眼胶（图 17-10）。如果在真人指甲上涂抹，应注意预留呼吸线，让指甲能够自由呼吸，同时也可以防止甲油胶过快脱落。涂抹完成后需要照灯 30 秒（图 17-11）。

图 17-10　涂猫眼胶

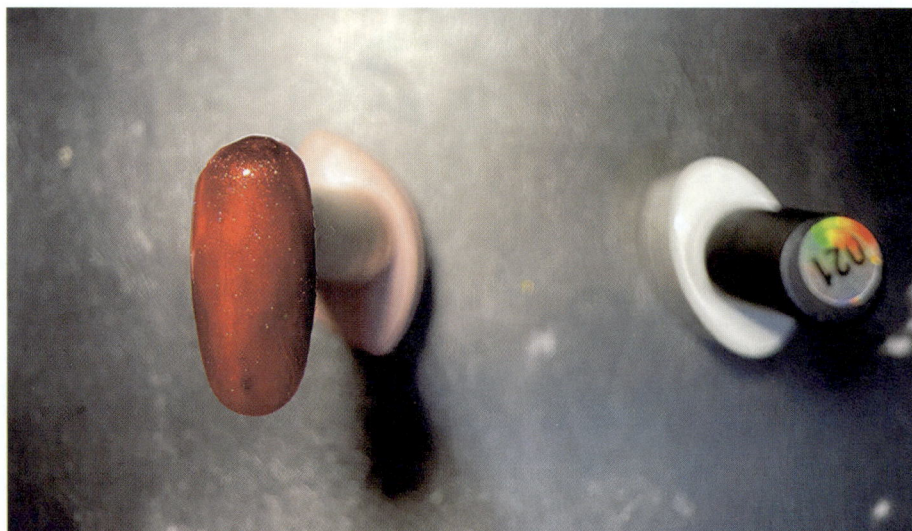

图 17-11　照灯

（8）再次涂猫眼胶。再次涂抹酒红色猫眼胶，以增加颜色的饱和度，同时也可使甲片表面更加光滑（图 17-12）。涂抹完成后照灯 30 秒。

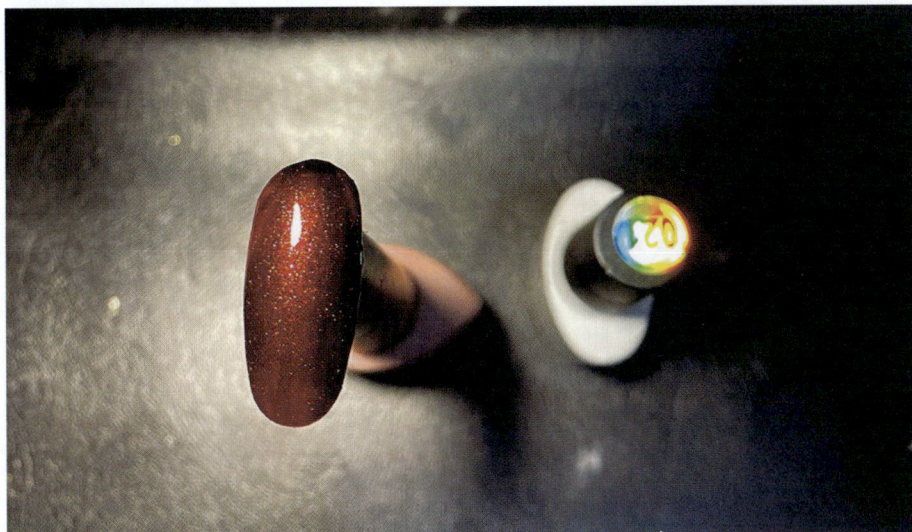

图 17-12　再次涂猫眼胶后的效果

（9）涂第 3 遍猫眼胶。在已经光滑、饱满的甲片上涂抹第 3 遍猫眼胶（图 17-13），
暂不照灯。

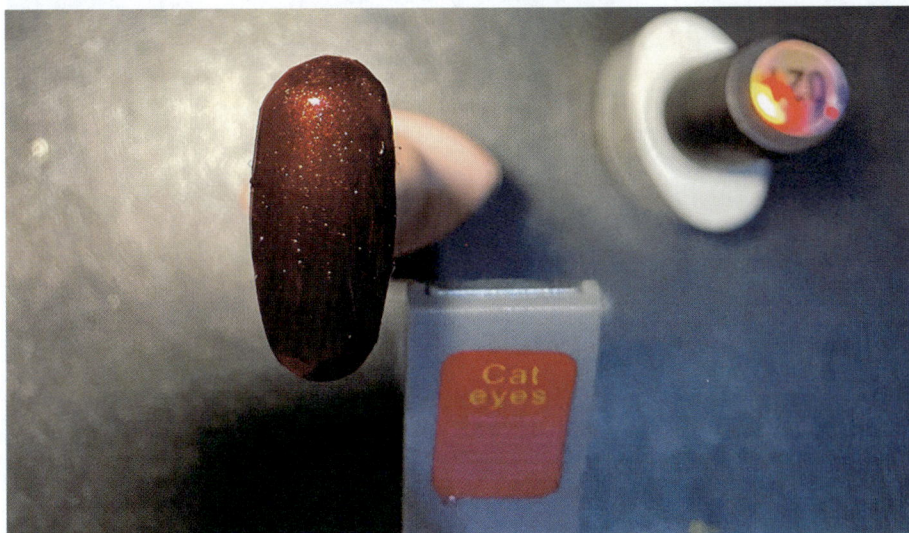

图 17-13　涂第 3 遍猫眼胶

（10）吸出猫眼线条。取出专用的猫眼磁铁，贴近未照灯的甲片（图 17-14），将未

凝固的猫眼胶中的金属粉末吸聚在一起，形成猫眼效果（图 17-15）。

图 17-14　用专用的猫眼磁铁吸出猫眼线条

图 17-15　猫眼效果

（11）照灯固化。将吸出猫眼效果的甲片迅速照灯固化 60 秒，锁定猫眼效果（图 17-16）。

图 17-16　照灯固化后的效果

（12）涂免洗封层并固化。涂抹免洗封层，照灯固化 90 秒，完成（图 17-17）。

图 17-17　涂免洗封层后的效果

（13）清理指甲周围。用棉球或棉片蘸取酒精，清洁指甲表面和周围皮肤上的浮油。用橘木棒和棉球制作棉签，蘸取酒精，清理甲沟、甲襞和指甲前缘下方的残留油渍。

（14）清洗并消毒用具。把所有使用过的金属工具放入盛有消毒液的容器内，浸泡消毒。

（15）清理工作台。将工作台清理干净，将物品摆放整齐。用洗笔水清洗光疗笔，并用一次性纸巾擦拭干净。

（四）注意事项

如果是在真人甲上操作，需注意以下几点。

（1）修整除尘时注意从两边向中间修磨，不要来回修磨。

（2）清洁指芯时注意不要刺伤指芯。

（3）涂软化剂时注意不要涂在指甲上，以免指甲软化。

（4）推指皮前注意用酒精棉签清洁推皮砂棒前端。

（5）剪指皮时注意不要拉扯，应剪断，以免损伤指皮。

实操练习

练习上述操作，独立完成猫眼甲的制作。

技能测评

测评结果	A. 优 □	B. 良 □	C. 中 □	D. 差 □
教师点评				

测评标准：教师根据甲形的修整情况、甲面的平整度、作品的完美度、是否有包边、是否有呼吸线等进行评价。

（许珊珊）

参考文献

［1］CPMA 教育委员会. 专业美甲从入门到精通：CPMA 一级美甲培训教材. 北京：化学工业出版社，2018.

［2］帕特吹莎. 指尖美学——时尚美甲设计从入门到精通. 北京：人民邮电出版社，2019.

［3］成妆职业技能培训学校，罗兰. 美甲造型基础教程. 北京：人民邮电出版社，2019.

［4］摩天文传. 专业美甲设计从入门到精通. 北京：人民邮电出版社，2018.

［5］摩天文传. 专业美甲师一本就够：基础＋勾绘＋镶嵌＋光疗＋雕花＋搭配. 北京：人民邮电出版社，2016.

［6］齐琪. 专业美甲造型基础教程. 北京：人民邮电出版社，2015.

［7］中国就业培训技术指导中心. 美容师（中级）. 北京：中国劳动社会保障出版社，2016.

［8］CPMA 教育委员会. 专业美甲从入门到精通：CPMA 三级美甲培训教材. 北京：化学工业出版社，2017.

［9］中国就业培训技术指导中心. 美甲师（初级 中级 高级）. 北京：中国劳动社会保障出版社，2006.

［10］CPMA 教育委员会. 专业美甲从入门到精通：CPMA 二级美甲培训教材. 北京：化学工业出版社，2018.

［11］张丽宏. 美容实用技术. 北京：人民卫生出版社，2014.

党的二十大精神进教材方案

《中共中央关于制定国民经济和社会发展第十四个五年规划和二〇三五年远景目标的建议》指出，要"增强职业技术教育适应性，深化职普融通、产教融合、校企合作，探索中国特色学徒制，大力培养技术技能人才"。想要办好职业教育，既要根据区域产业结构调整和需求情况合理优化专业布局，又要优化职业教育课程设置，满足社会需求，促进职业教育健康有序发展。习近平总书记在党的二十大报告中指出，办好人民满意的教育。统筹职业教育、高等教育、继续教育协同创新，推进职普融通、产教融合、科教融汇，优化职业教育类型定位。教材建设作为教育教学改革实施的重要环节，是党的二十大精神进课堂、进头脑的重要保障。

实用美甲技术是医学美容技术专业学生必备职业技能，也是该专业核心课程，《实用美甲技术》教材是知识和技能的载体，也是培育学生正确价值观、人生观、职业观的主要阵地，更是爱国主义教育的重要平台，肩负着培养无私奉献、爱岗敬业、德技双馨医学美容技术专业人才的重任。

本教材在建设过程中坚持以立德树人为根本任务，注重知行合一、学思结合，着重培养学生的服务意识，精益求精、善于思考的匠人精神，以及善于发现问题、解决问题的创新能力，具体实施方案如下。

课程思政教学案例

序号	知识点	案例	思政建设目标
1	实训一　美甲的起源与发展（一）古代美甲（二）近代美甲	中国历代美甲和容貌审美变迁纪录片	1. 增强民族文化认同感和文化自信 2. 进行审美培育，树立健康的审美观
2	实训一　美甲的起源与发展（三）我国的美甲师与美甲行业	1. 非法医美从业案件剖析 2. "严守职业规范，做严谨美业人"宣传片	1. 树立职业法规意识，严守操作规范 2. 培养精益求精的职业精神
3	实训五　色彩、构图和布局的基本原理	优秀绘画作品和美甲作品赏析	再次进行审美培育，树立健康的审美观，培养对美的辨析能力
4	实训十一　专业卸甲	美甲操作不当导致顾客指甲受损案例分析	1. 筑牢规范操作意识 2. 深化医学美容技术专业"所有服务以健康安全为第一"的职业理念

序号	知识点	案例	思政建设目标
5	实训十二　装饰美甲——指甲贴花 实训十三　装饰美甲——指甲贴钻 实训十四　装饰美甲——指甲晕染	1. 历届学生美甲优秀作品欣赏 2. 美甲技能竞赛	1. 培养学生在技能学习过程中精益求精的职业精神 2. 培养学生自信勇敢的健康人格 3. 深化真诚服务的职业理念 4. 培养善于沟通的职业能力
6	实训十六　渐变美甲的制作	1. 优秀毕业生美甲工作过程展示 2. 优秀毕业生美甲店创业经历宣讲	1. 坚定爱岗敬业的职业精神 2. 树立远大的职业理想 3. 培育美业匠心精神 4. 深化职业理念和职业道德教育 5. 筑牢为人民服务的职业意识